艺术设计
ARTDESIGN

高等院校艺术学门类『十三五』规划教材

AutoCAD环境艺术制图

AutoCAD HUANJING YISHU ZHITU

主编 高鹰 刘杰 鲁娟

副主编 曲伟 吴蓓 段晓黎

刘棋芳 吴胜泽 马博

参编 马池 胡晶 戴薛

华中科技大学出版社
http://www.hustp.com

中国·武汉

内 容 提 要

本书用 12 章讲述如何使用 AutoCAD 2012 环境艺术制图。全书层次清晰、内容翔实,重视理论与实践的结合,以实训为主线,以案例分析入手进行分步讲解,循序渐进地培养学生的实践能力。

图书在版编目(CIP)数据

AutoCAD 环境艺术制图/高鹰,刘杰,鲁娟主编. —武汉:华中科技大学出版社,2014.10(2024.8重印)
ISBN 978-7-5680-0444-2

Ⅰ.①A… Ⅱ.①高… ②刘… ③鲁… Ⅲ.①环境设计-计算机辅助设计-AutoCAD 软件-高等学校-教材
Ⅳ.①TU-856

中国版本图书馆 CIP 数据核字(2014)第 240704 号

AutoCAD 环境艺术制图   高 鹰 刘 杰 鲁 娟 主编

策划编辑:曾 光 彭中军
责任编辑:韩大才
封面设计:龙文装帧
责任校对:祝 菲
责任监印:张正林
出版发行:华中科技大学出版社(中国·武汉)   电话:(027)81321913
        武汉市东湖新技术开发区华工科技园   邮编:430223
录 排:华中科技大学惠友文印中心
印 刷:武汉市籍缘印刷厂
开 本:880mm×1230mm 1/16
印 张:19
字 数:552 千字
版 次:2024 年 8 月第 1 版第 6 次印刷
定 价:48.00 元

目录

AutoCAD HUANJING YISHU ZHITU

第1章

AutoCAD制图基础

AutoCAD ZHITU JICHU

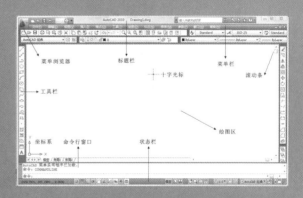

★ 学前指导

理论知识:了解 AutoCAD 环境艺术制图的运用,以及制图的表达方式与规范。

重点知识:AutoCAD 的工作界面,以及图形文件的管理和绘图环境的设置。

难点知识:绘图环境的设置。

AutoCAD 2010 是由美国 Autodesk 公司开发的通用计算机辅助设计软件,它在原有软件的基础上不断更新换代,发展得越来越完善,它凭借灵活、高效和以人为本的特点,以及方便快捷的操作方式在计算机辅助设计领域中得到了极为广泛的应用,成为广大艺术设计人员不可缺少的得力工具。

本章主要介绍 AutoCAD 2010 的基础知识、操作界面中各功能区域的作用,以及 AutoCAD 2010 的新增功能,了解如何设置图形的系统参数,熟悉建立新的图形文件、打开已有图形文件的方法等,为后面进行系统学习准备必要的知识。

1.1
AutoCAD 在环境艺术制图中的运用

环境艺术有着较宽的内涵,它是指环境艺术工程的空间规划和艺术构想方案的综合设计。而 AutoCAD 辅助制图在环境艺术设计方面起到非常重要的作用,如今,它已经由一个功能非常有限的绘图软件发展成为功能强大、性能稳定、市场占有率很高的辅助设计系统。

1.1.1 AutoCAD 的基础功能

(1) 平面绘图:能以多种方式创建直线、圆、椭圆、多边形、样条曲线等基本图形对象,可方便地完成环境艺术设计中平面图、立面图、剖面图、详图等的绘制。

(2) 绘图辅助工具:AutoCAD 提供了正交、对象捕捉、极轴追踪、捕捉追踪等绘图辅助工具。正交功能使用户可以很方便地绘制水平、竖直的直线,对象捕捉可帮助拾取几何对象上的特殊点,而追踪功能使画斜线及沿不同方向定位点变得更加容易,能够确保绘图的精确性。

(3) 编辑图形:AutoCAD 具有强大的编辑功能,可以移动、复制、旋转、阵列、拉伸、延长、修剪、缩放对象等,能对图纸进行反复修改。

(4) 标注尺寸:可以创建多种类型的尺寸,标注外观可以自行设定,可快捷地实现图纸尺寸的标注。

(5) 书写文字:能轻易地在图形的任何位置、沿任何方向书写文字,可设定文字字体、倾斜角度及宽度缩放比例等属性。

(6) 图层管理功能:图形对象都位于某一图层上,可设定图层颜色、线型、线宽等特性,可依据制图规范清晰地进行线型管理。

(7) 三维绘图：可创建 3D 实体及表面模型，能对实体本身进行编辑。

(8) 网络功能：可将图形在网络上发布，或是通过网络访问 AutoCAD 资源。

(9) 数据交换：AutoCAD 提供了多种图形图像数据交换格式及相应命令。

(10) 二次开发：AutoCAD 允许用户定制菜单和工具栏，并能利用内嵌语言 AutoLISP、VisualLISP、VBA、ADS、ARX 等进行二次开发。

1.1.2　运用 AutoCAD 进行环境艺术制图的优势

(1) 提高制图效率。对于一些相近、相似的环境艺术设计图纸，只要简单修改即可。同时，使用 AutoCAD 可以将施工图直接转成设备底图，使水暖、电气的设计师不会在描绘设备底图上浪费时间。而且，现在流行的 CAD 软件大多提供了丰富的分类图库、通用详图等，设计师需要时可以直接调入。

(2) 提高制图精度。制图设计的精度一般标注到毫米，对于一些特型或规模大、复杂的建筑，离开了 AutoCAD 不能保证制图的精度。另外，AutoCAD 在日影分析、室内声场分析、灯光照度分析等的计算精度和速度方面，也具有相当大的优势。

(3) 资料保管方便。使用 AutoCAD 制作的图形文件、图像文件可以直接保存和调用。

1.2
环境艺术制图的要求与标准

环境艺术施工图纸是设计人员用来表达设计思想、传达设计意图的技术文件，是方案投标、技术交流和具体施工的要件。环境艺术制图是指设计人员根据正确的制图理论及方法，按照国家统一的建筑装潢制图规范，将设计思想和技术特征清晰、准确地表达出来。建筑装潢图纸包括方案图、初设图、施工图等类型。《房屋建筑制图统一标准》(GB/T 50001—2010)、《总图制图标准》(GB/T 50103—2010)、《建筑制图标准》(GB/T 50104—2010)是建筑专业手工制图和计算机制图的依据。

施工制图的要求与标准主要包括图纸规格、会签栏、常用绘图比例、图线、建筑符号、尺寸规范、文字说明、引出线、详图索引标志和常用建筑材料图例等内容。

1.2.1　建筑设计制图的要求与标准

1. 图纸幅面

图幅即图纸幅面，是指图纸的尺寸大小。建筑领域常用的图幅代号有 A0、A1、A2 、A3 及 A4。每种图幅的长宽尺寸如表 1.1 所示。

表 1.1 图幅标准

(单位:mm)

尺寸代号 \ 幅面代号	A0	A1	A2	A3	A4
$b×l$	841×1189	594×841	420×594	297×420	210×297
c	10			5	
a	25				

规定每张图纸都要画出图框,画框线用粗实线绘制,图框格式分为留有装订边和不留装订边两种。图纸分横式和立式两种幅面,图纸长边置于水平方向为横式,图纸短边置于水平方向为立式,如图 1.1 所示。一般 A0~A3 幅面的图纸宜横式使用,必要时可立式使用。4 个边上均应附有对中标志,对中标志应画在幅面线中点处。

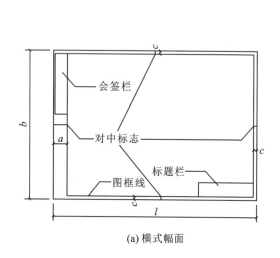

(a) 横式幅面

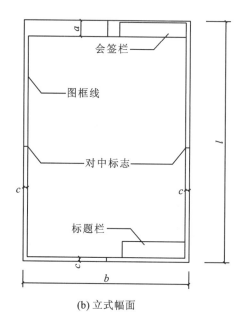

(b) 立式幅面

图 1.1 图框标题栏及会签栏

如图 1.1 所示,b 为图纸短边、长边尺寸,a 与 c 为装订边、非装订边和不留装订边的尺寸(即图框线与图幅线的间隔)。基本幅面短边与长边的比例是 $b:l=1:\sqrt{2}$。A0 号图纸的面积为 1 m²,A1 号是 A0 号的对开,A2 号是 A1 号的对开,依此类推。制图时应优先选择基本幅面,需要时也可以选择表 1.2 中规定的加长幅面。

表 1.2 图纸长边加长尺寸

(单位:mm)

幅面尺寸	长边尺寸	长边加长后尺寸
A0	1189	1486 1635 1783 1932 2080 2230 2378
A1	841	1051 1261 1471 1682 1892 2102
A2	594	743 891 1041 1189 1338 1486 1635 1783 1932 2080
A3	420	630 841 1051 1261 1471 1682 1892

2. 标题栏与会签栏

标题栏是设计图纸中表示设计情况的栏目。标题栏又称图标,主要填写建筑工程名称、设计单位名称、图号、图名、项目负责人、设计人、制图人、审核人等的签名与日期等内容。如今不少设计单位采用自己个性化的图标格式,但是仍必须包括这几项内容。

图 1.2 所示为 A4 图幅格式,图 1.3 所示为图标格式。

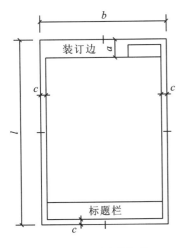

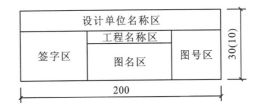

图 1.2 A4 图幅格式   图 1.3 图标格式

会签栏是用于各工种负责人审核后签名的表格,它包括专业、姓名、日期等内容,具体内容根据需要设置。图 1.4 所示为其中一种格式。对于不需要会签的图样,可以不设此栏。

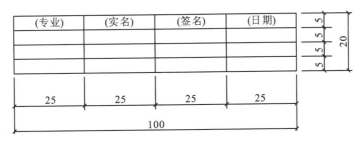

图 1.4 会签栏

图纸的图框和标题栏线,可采用表 1.3 的线宽。

表 1.3 图框线、标题栏线的宽度   （单位:mm）

幅 面 代 号	图框线	标题栏外框线	标题栏分格线、会签栏线
A0、A1	1.4	0.7	0.35
A2、A3、A4	1.0	0.7	0.35

3. 常用绘图比例

在进行建筑设计和室内设计制图过程中,通常施工图的绘制比例标准如表 1.4 所示。

表 1.4 施工图比例

图　　　名	常 用 比 例	备　　　注
总平面图	1：500、1：1000、1：2000	
平面图 立面图 剖视图	1：50、1：100、1：200	

续表

图 名	常 用 比 例	备 注
次要平面图	1：300、1：400	次要平面图是指屋面平面图、工具建筑的地面平面图等
详图	1：1、1：2、1：5、1：10、1：20、1：25、1：50	1：25 仅适用于结构构件详图

4．图线

在建筑设计中,不同的图线表示不同含义,各种图线的具体含义如表 1.5 所示。

表 1.5　图线说明

名 称	线 型	线 宽	适 用 范 围
实线	——————	b	建筑平面图、剖面图和构件详图被剖切的主要构件截面轮廓线;建筑立面图外轮廓线;图框线;剖切线;总图中的新建筑物轮廓
	——————	0.5b	建筑平面和剖面中被剖切的次要构件的轮廓线;建筑平面图、立面图、剖面图构配件的轮廓线;详图中的一般轮廓线
	——————	0.25b	尺寸线、图例线、索引符号、材料线及其他细部刻画用线等
虚线	- - - - - -	0.5b	主要用于构件详图中不可见的实物轮廓;平面图中的起重机轮廓;拟扩建的建筑物轮廓
	- - - - - - - -	0.25b	其他不可见的次要实物轮廓线
点画线	—·—·—	0.25b	轴线、构配件的中心线和对称线等
折断线	——✓——	0.25b	省画图样时的断开界线
波浪线	∿∿∿	0.25b	构造层次的断开界线,有时也表示省略图中的断开界线

图线的线宽是指图线的粗细程度,分粗、中、细等 3 个层次,粗线、中粗线和细线的宽度比为 1：0.5：0.35。在同一图样中,同类图样的宽度应一致。每个图样都应根据复杂程度与比例大小,先确定基本线宽 d,在选择表 1.6 中适当的线宽粗。

表 1.6　图线的宽度　　　　　　　　　　　　　　　　　　　　　　　　（单位:mm）

线宽比	线宽粗					
粗 d	2.0	1.4	1.0	0.7	0.5	0.35
中 0.5d	1.0	0.7	0.5	0.35	0.25	0.18
细 0.35d	0.7	0.5	0.35	0.25	0.18	

5．字体

字体的基本要求如下。

(1) 在图样中书写的汉字、数字和字母,都必须做到字体工整、笔画清楚、间隔均匀、排列整齐。

(2) 字体高度 h 一般要从 3.5 mm、5 mm、7 mm、10 mm、14 mm、20 mm 等几种格式中选用,字体的高度约按 $\sqrt{2}$ 的比率递增。

(3) 汉字应写成仿宋体,并应采用国家正式公布的简化字。汉字的高度 h 不应小于 3.5 mm,其字宽一般为 $h/\sqrt{2}$。

字体示例见表 1.7。

表 1.7 字体示例

字　　体	示　　　　例
10 号	字体工整　笔画清楚　间隔均匀　排列整齐
7 号	横平竖直　注意起落　结构均匀　填满方格
5 号	字体工整　笔画清楚　间隔均匀　排列整齐
3.5 号	横平竖直　注意起落　结构均匀　填满方格
大写斜体	*ABCDEFGHIJKLMNOPQRSTUVWXYZ*
小写斜体	*abcdefghijklmnopqrstuvwxyz*

1.2.2　绘图原理的表现形式

绘图原理的表现形式一般有透视图、轴测图和多面正投影图等三种。

(1) 透视图是按中心投影法绘制的,富有立体感,表现人们对形体的直接感受,但不能反映形体的真实形象和大小。透视图一般作为设计阶段的方案示意图。

(2) 轴测图是按平行投影法绘制的,富有立体感,但与人对形体的直观感受有差别。轴测图的作图较简单,常用做工程上的辅助性图样。

(3) 多面正投影图是按正投影法绘制的,缺乏立体感,与人对形体的直接感受相差甚远;但能如实反映形象和大小,便于度量和作图,能满足空间构型设计和施工的需要,是工程上主要的施工图。

学习绘图原理的主要目的是培养绘图和阅读建筑图和室内设计图的能力。因为没有绘图能力,便不能表达自己的技术构思;而没有读图能力,就无法理解别人的设计意图。所以,绘图是从事建筑、室内设计行业的技术人员必须具备的基本能力。

1.2.3　建筑制图与室内设计制图的理论依据

建筑制图与室内设计制图的理论依据可分为投影原理、国家颁布的建筑制图标准和有关的技术标准、制图方法与技巧三大体系。

(1) 投影原理:主要解决形体的空间形象和它的平面图像的对应关系,以及同一形体的各个图像之间的对应关系。

(2) 国家颁布的建筑制图标准和有关的技术标准:这是画图和读图必须遵守的规定。

(3) 制图方法与技巧:包括徒手画图、使用绘图仪器绘图,以及计算机绘图。

由于透视图和多面正投影图是按照不同的投影法绘图,所以这两种图各自成为单独的系统。投影原理中的正投影原理不仅是多面正投影图的理论依据,而且是透视图的理论基础,是制图设计的重点。

1.2.4　环境艺术设计制图学习的技巧

1. 熟练掌握投影原理

正投影原理主要解决点、线、面的空间形象(形状、大小、方位)和它们的平面图像(形状、大小、方位)的对应关系,以及同一空间形象的各个平面图像之间的关系问题,具有简单、容易理解的特点。对于投影原理,切不可以为简单而掉以轻心。只有对这些简单的理论深入理解和熟练掌握,才有可能运用自如。

2. 注意培养空间想象力

空间想象力是将形体(包括感知过的和创造出来的)的空间形象和平面图像在头脑中建立起来,并使之相互转化的能力。它是画图和读图能力的基础。提高空间想象力,必须做到以下三个方面。

(1) 多想象:多练习见物想图、见图想物,以及图和物的综合想象,并且以投影原理为指导建立图与物之间的联系。

(2) 多画:为了帮助想象,以及检查想象的结果是否正确,要边写边画将想象的结果画出来,并通过想象进行修正。

(3) 多看:要注意扩大视野,多观察不同的形体及其图像,在头脑中多积累图及物体表面形状。

3. 养成严谨的制图态度

画图和读图能力只有通过大量的实践才能逐步培养起来,所以在练习、工作的实践过程中,要运用投影原理和制图方法,并做到手脑并用,画想结合,严格遵守制图标准和有关的技术标准,以高度的责任心和严谨细致的作风确保工程制图的准确性。

4. 加强自身艺术素养的培训

初学者存在的问题基本是美术技巧的欠缺,对形式的感悟不够敏锐。这种缺陷的弥补要经过一定过程的培养,而表现基础恰恰是重要的第一步。可以通过对立体构成、平面构成和色彩构成的学习来培养造型、色彩、空间等各方面的素质。

(1) 造型能力的培养:建筑是三维的艺术,实体的处理是必不可少的。建筑表现基础中立体构成和平面构成的学习,可以培养造型能力。

(2) 色彩关系的认识和色彩感知:通过色彩构成的学习,可以加强对色彩的认识。

(3) 空间构思的培养:通过立体构成的学习,可以增强空间想象力。

1.3
初识 AutoCAD 2010

AutoCAD(Auto Computer Aided Design)是美国 Autodesk 公司于 1982 年开发的计算机辅助绘图与设计软件包,自从 1982 年 Autodesk 公司推出其 1.0 版到如今的 2010 版,有将近 20 个版本,2010 版在 2004 版本的文档加密的基础上,又发展了许多新功能,尤其在三维设计方面有很多改进,它将设计的全过程——草图、计算查表（需要二次开发）、二维平台性技术几乎集于一身,为工程设计人员提供了一个良好的技术平台,使设计工作更加便捷,更节约时间、人力、物力和财力等。它广泛应用于机械设计、建筑工程、模具、精密零件、城市规划、土木施工、园林设计、装饰设计等领域。

1.3.1 AutoCAD 2010 的安装与删除

1. 安装方法

(1) 将 AutoCAD 2010 的 CD 盘插入 CD-ROM 驱动器中,运行光盘,弹出 AutoCAD 2010 安装对话框,如图 1.5 所示。

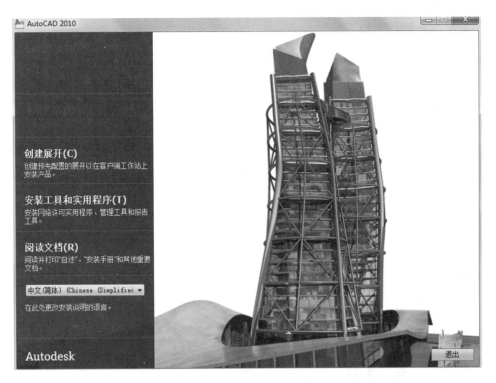

图 1.5　AutoCAD 2010 安装对话框

(2) 单击"安装产品"按钮,弹出如图 1.6 所示的选择安装产品的对话框,在此对话框中选择要安装的产品,单击"下一步"按钮以继续。

(3) 在弹出的"接受许可协议"对话框中的"国家或地区"下拉列表中选择"China"。单击选择"我接受",然后单击"下一步"按钮,如图 1.7 所示。

(4) 单击"下一步"按钮后,会弹出"产品和用户信息"对话框,在该对话框中,输入 AutoCAD 2010 的序列号和产品密钥,如图 1.8 所示。

(5) 单击"下一步"按钮,在"查看-配置-安装"对话框中可以设置并查看要配置的产品及安装信息,如图 1.9 所示。

(6) 单击"安装"按钮,弹出如图 1.10 所示的系统提示对话框,提示用户没有更改安装产品的默认设置,单击"是"按钮继续安装。

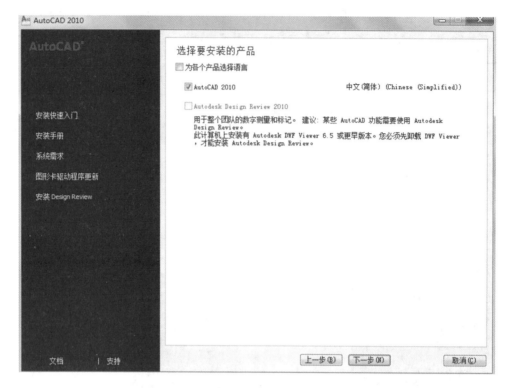

图1.6 "选择要安装的产品"对话框

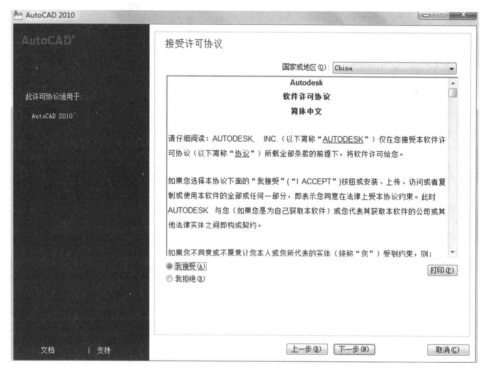

图1.7 "接受许可协议"对话框

图 1.8 "产品和用户信息"对话框

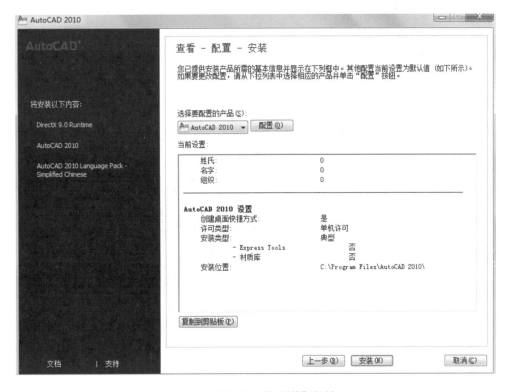

图 1.9 "查看-配置-安装"对话框

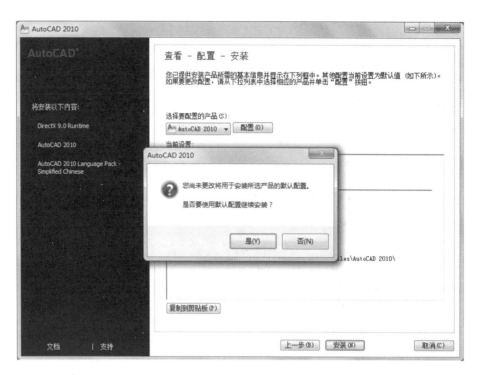

图1.10　提示按默认配置继续安装对话框

（7）再次单击"安装"按钮后，弹出如图1.11所示的对话框，系统会自动安装软件，在安装完成后单击"完成"按钮即可。

图1.11　安装程序

2. 卸载方法

如果不用AutoCAD 2010软件，可以把它从计算机中删除，这也就是所谓的卸载。卸载方法有以下两种。

（1）从"开始"菜单中选择"控制面板"。在"控制面板"中选择"添加或删除程序"。对于 Windows XP、NT 和 ME，在"添加/删除程序特性"对话框中的"安装/删除安装"选项卡中，选择"AutoCAD 2010"，然后选择"添加/删除"，即可卸载 AutoCAD 2010。

（2）把 AutoCAD 2010 的 CD 盘插入光驱，单击"卸载"，计算机自动完成卸载任务。

1.3.2　AutoCAD 2010 的启动与退出

1. 启动 AutoCAD 2010

启动 AutoCAD 2010 可以采用以下三种方式中的任何一种。

（1）单击桌面上的"开始"按钮，选择"所有程序"子菜单中的 AutoCAD 2010 命令。

（2）在桌面上建立 AutoCAD 2010 的快捷方式，然后双击该快捷方式图标。

（3）双击已存盘的 ＊.dwg 格式的图形文件。

2. 退出 AutoCAD 2010

在退出 AutoCAD 2010 绘图软件之前，首先需要退出当前的 AutoCAD 文件，如果当前文件已经存盘，那么可以直接使用以下任何一种方法退出绘图软件。

（1）单击 AutoCAD 2010 界面标题栏右侧的关闭按钮 ▆▆▆ 。

（2）菜单栏：选择"文件→退出"命令。

（3）单击菜单浏览器按钮，在弹出的下拉菜单中，单击"退出 AutoCAD"按钮。

（4）快捷键："Alt＋F4"组合键或"Alt＋Q"组合键。

（5）命令行：输入"Quit"或"Exit"命令，并按 Enter 键。

在退出时，如当前图形还没有命名，AutoCAD 2010 会弹出一个对话框，要求用户确定图形文件的存放位置及文件名，用户做出反应后，AutoCAD 2010 把当前的图形文件按指定的文件名存盘，然后退出 AutoCAD 2010。

1.3.3　AutoCAD 2010 的新增功能

在 AutoCAD 的每个发展阶段都有多个版本的更新，每一版本都在原有版本的基础上增添了许多强大的功能，从而使 AutoCAD 更加完善。AutoCAD 2010 在用户界面、三维建模、参数化图形、动态块、PDF 和输出、自定义与设置、生存力增强功能等几大方面进行了改进，增加和增强了部分功能。AutoCAD 2010 中的许多重要功能都实现了自动化，能够帮助用户提高工作效率，更顺利地迁移到三维设计环境中。AutoCAD 2010 对 PDF 发布功能进行了大量改进并且还增添了重要的三维打印功能，用户可以更轻松地与他人共享和处理项目数据。除了上述功能外，它还具有许多其他新功能，下面对 AutoCAD 2010 的新增功能予以介绍。

1. 借助三维自由形状概念设计工具轻松探索设计构想

借助 AutoCAD 2010 中新的自由形状设计工具，用户现在几乎可以设计任何造型。使用新的子对象选择过滤器，可以轻松地在三维对象中选择面、边或顶点。改进的三维线框功能通过将所选对象的移动、旋转或缩放限定在一个指定轴或平面上，可以完成精确地编辑设计。

2. 借助参数化绘图功能极大缩短设计修订时间

新的参数化绘图工具可以极大地缩短设计修订时间。用户可以按照设计意图控制绘图对象，即使对象发生了变化,具体的关系和测量数据仍将保持不变。AutoCAD 2010 能够对几何图形和标注进行控制,可以极大地缩短设计方案的修改时间。

3. 将 PDF 文件作为底图添加到工程图

AutoCAD 2010 支持用户在 AutoCAD 设计中使用 PDF 文件中的设计数据。借助这一新功能,用户只需将 PDF 文件添加到 AutoCAD 工程图即可。借助熟悉的对象捕捉功能,用户甚至可以捕捉到 PDF 几何图形中的关键要素,并且还可以更轻松地重复使用之前的设计内容。

4. 借助三维打印功能创建逼真的模型

借助 AutoCAD 2010 可以实现设计的可视化,还能使其变为现实。用户可以直接将三维模型输入三维打印机,也可以通过 AutoCAD 联系在线服务提供商进行打印。通过将设计创意转变为真实的模型,添加各种创新元素来提高设计演示效果,客户将会对设计者的设计印象深刻。

5. 借助改进的条状界面,提高工作效率

在进行与上下文有关的操作时,新的改进条状界面减少了获取命令所需的步骤,从而可帮助用户全面提高绘图效率。其以简洁的外观显示命令选项,便于用户根据任务迅速选择命令。条状界面可以定制和扩展,能针对每个用户的标准进行优化,满足所有客户的要求,借助这一直观的用户界面,用户能够全面提高工作效率。

6. 借助动态属性提取工具,维护块数据

AutoCAD 2010 中增强的"属性提取向导"便于用户更轻松地利用和维护块数据。在指定要提取的数据时,可以排除没有属性的图块、排除一般的块特性并按照块特性类型来排序。将块数据直接提取到 AutoCAD 表格中并应用表格样式。

7. 借助动作录制器,自动执行重复性任务

该功能支持用户自动处理重复性的任务,从而帮助用户节省时间,提高工作效率。AutoCAD 2010 采用了动作录制器,支持录制正在执行的任务、添加文本信息和输入请求,然后快速选择并回放录制的宏。并且,可以与其他用户共享宏文件,从而提高整个团队的工作效率。

8. 动态块

该功能可以帮助用户节约大量时间,轻松实现工程图的标准化。借助 AutoCAD 2010 动态块,用户就不必再重新绘制重复的标准组件,并可减少设计流程中庞大的图块库。AutoCAD 2010 动态块功能支持对单个块图形进行编辑,并且不必再因形状和尺寸发生变化而定义新图块。AutoCAD 2010 中强大的动态块功能使用户可以更快、更高效地处理块。用户可以在插入块参考时准确地指定方向,并且无须编辑块定义或者删除,只需插入不同的块即可修改其外观。

1.4
AutoCAD 2010 的工作界面

启动 AutoCAD 2010 后,进入如图 1.12 所示的工作界面。AutoCAD 2010 的界面是用户与计算机进行交互

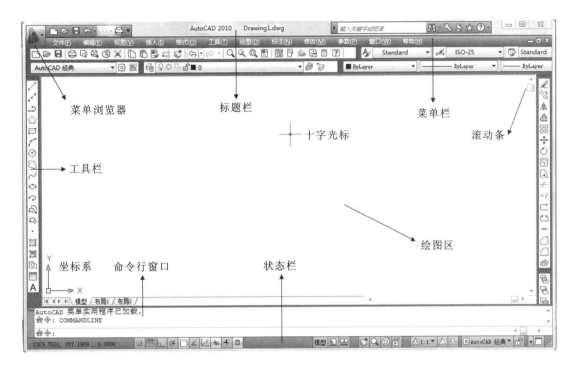

图 1.12 AutoCAD 2010 的经典窗口

对话的窗口。此界面主要由标题栏、菜单栏、工具栏、绘图区、坐标系、十字光标、命令行窗口及状态栏等组成。

1.4.1 菜单浏览器

菜单浏览器位于工作界面左上方,单击 按钮,弹出如图 1.13 所示的 AutoCAD 2010 菜单,选择其中相应的命令,可执行相应的操作。

1.4.2 标题栏

标题栏位于 AutoCAD 2010 界面的最上一行,左侧显示当前正在使用的文件名,右侧有窗口的最小化、最大化和关闭三个按钮。

图 1.13 菜单浏览器

用户在第一次启动 AutoCAD 时,绘图窗口的标题栏中将显示 AutoCAD 2010 启动时创建并打开的图形文件名称"Drawing1.dwg",如图 1.14 所示。

图 1.14 AutoCAD 2010 的标题栏

1.4.3 菜单操作

AutoCAD 2010 的菜单栏提供了所有菜单命令,包括文件、编辑、视图、插入、格式、工具、绘图、标注、修改、参数、窗口、帮助等十二个主菜单,这些菜单包括了 AutoCAD 2010 几乎全部的功能,用户可以非常方便地启动各主菜单中的相关菜单项,进行绘图工作。

文件：用于对图形文件进行管理、打印和输出等，包括新建、打开、保存、打印、输入、输出等命令。

编辑：用于对文件进行一些常规编辑，包括复制、剪贴、粘贴和链接等命令。

视图：用于管理视图内图形的显示及着色等，包括图形缩放、图形平移、视窗设置、着色及渲染等操作。

插入：用于向当前图形文件中插入所需要的图块、外部参照及其他格式的文件。

格式：用于设置与绘图环境有关的参数，包括图形界限、图形单位、图层、颜色、线型及一些样式设置等。

工具：用于为用户设置一些辅助工具和图形资源的组织管理工具。

绘图：包含了 AutoCAD 2010 所有二维和三维绘图命令。

标注：用于对当前图形进行尺寸标注和尺寸编辑等，它包含了所有的标注命令。

修改：包含了所有的二维和三维的图形编辑命令，主要用于对所绘制的图形进行编辑和操作。

参数：用于为几何图形添加或删除约束，以保护几何图形不受其他图形变动的影响。

窗口：用于对 AutoCAD 2010 的多文档状态及位置进行控制。

帮助：用于为用户提供一些帮助信息。

下面介绍菜单的用法。

（1）打开菜单的三种方法。

① 单击菜单名，打开菜单。

② 按 Alt + 菜单名后括号内的字母打开相应菜单。如："Alt + E"即可打开编辑菜单。

③ 按 Alt 可以激活菜单栏，用左右方向键可以选择菜单，按 Enter 键，打开菜单。

（2）启动菜单命令的三种方法。

① 打开菜单，单击菜单命令或者使用上下方向键选取命令后，按下 Enter 键。

② 有些带快捷键的命令，可在不打开菜单的情况下直接执行。如"Ctrl + P"为打印命令。

③ 打开菜单后，按命令后面括号内的字母键可选择菜单命令。如打开菜单后，按命令后面括号内的字母键可选择菜单命令。

1.4.4　功能区

功能区集成了"默认""块和参照""注释""工具""视图"和"输出"等选项卡，在这些选项卡的面板中单击某按钮即可执行相应的绘制或编辑操作，功能区中的按钮是一种替代命令的简便工具。在 AutoCAD 2010 的功能区以下拉菜单的方式出现相应的功能项，有的功能项的右下角有黑色三角形，表示该工具项带有附加工具，如图 1.15 所示。

图 1.15　AutoCAD 2010 的常用功能区

1.4.5　工具栏

工具栏位于菜单栏的下侧和绘图区的两侧，单击工具栏上的相应按钮就能执行其所代表的命令。每一个选项卡包含多个面板,每个面板包含多个工具,在工具图标的右下角有一个黑色三角形,单击它可以访问更多的工具,如图 1.16 所示。

图 1.16　AutoCAD 2010 的"绘图"工具栏

在 AutoCAD 2010 经典工作界面中,系统提供了"工作空间"工具栏、"标准"工具栏、"绘图"工具栏、"修改"工具栏等几个常用工具栏。

1.4.6　绘图区

绘图区是指标题栏下方的大片空白区域,图形的设计和修改工作都是在绘图区域中完成的。绘图窗口也可称为视图,可以使用鼠标放大、缩小和平移视图,便于查看图形的细节。

十字光标:在绘图区中有一个类似光标作用的十字线,它由"拾取点光标"和"选择光标"叠加而成,其交点反映了光标在当前坐标系中的位置,十字线的方向与当前用户坐标系的 x 轴和 y 轴方向平行,如图 1.17 所示。

按住滑轮使十字光标变为平移图标,移动鼠标时可以平移视图。按住 Ctrl 键再按滑轮按钮,十字光标变为滚轮图标,此时拖拽鼠标,图标会根据移动方向变为单向的箭头图标。

图 1.17　十字光标

绘图区标签:绘图区左下部有三个标签,即"模型""布局 1"和"布局 2"。"模型"标签代表模型空间,是图形的主要设计空间;"布局 1"和"布局 2"分别代表了两种不同空间,主要用于图形的打印输出。

1.4.7　命令行窗口和状态栏

命令行窗口位于工作界面的最下面,它是用户与 AutoCAD 2010 软件进行数据交流的平台,主要用于显示命令提示和信息。通过右边的滚动条可以查看用户的历史操作,如图 1.18 所示。

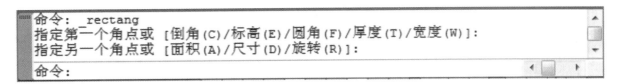

图 1.18　AutoCAD 2010 的命令行窗口

状态栏位于屏幕的底部,用于显示绘图时的当前状况。左端显示绘图区光标的坐标,在其右侧有一些功能开关按钮,使用这些按钮可以打开常用的绘图辅助工具。这些工具包括"捕捉模式""栅格显示""正交模式""极轴追踪""对象捕捉""对象捕捉追踪""动态 UCS""动态输入""线宽""模型"等功能按钮,如图 1.19 所示。

图 1.19　AutoCAD 2010 的状态栏

1.5
鼠标键盘操作和对话框操作

在 AutoCAD 系统中工作时,最主要的输入设备是键盘和鼠标,而菜单命令、工具按钮和命令行大都是相互对应的。可以选择某一菜单命令、单击某个工具按钮,或在命令行中输入命令和系统变量来执行相应命令。

1.5.1 鼠标操作

鼠标操作是 AutoCAD 中最基本的操作方法,当鼠标在绘图区移动时,状态栏上的坐标值也随之改变,能反映当前十字光标的位置。通常情况下,鼠标是通过使用其左、右两个键和滚轮来实现 AutoCAD 的基本操作。

(1) 鼠标左键:主要功能是选择对象、绘制图形,以及定位。在绘图窗口,光标通常显示为十字线形式。当光标移至菜单选项、工具或对话框内时会变成箭头形式。无论光标是十字线形式还是箭头形式,当单击或者按住鼠标键时,都会执行相应的命令或动作。单击鼠标左键可以选择菜单栏中的菜单项,选择工具栏中的图标按钮,在绘图区选择图形对象等。

(2) 鼠标右键:主要功能是弹出快捷菜单,系统将根据当前绘图状态而弹出不同的快捷菜单。此外,单击鼠标右键的另一个功能是等同于回车键,用于结束当前使用的命令。

(3) 鼠标滚轮:主要功能是对图形进行缩放和平移。默认情况下,每次转动滚轮都将按 10% 的变量改变缩放级别。

1.5.2 键盘功能键和组合键说明

用户可以通过键盘的功能键和组合键快速执行命令。

1. 常用功能键

F1:获取帮助。

F2:在文本窗口与图形窗口间切换。

F3:切换对象捕捉模式。

F4:切换数字化仪模式。

F5:切换等轴测平面的各种方式。

F6:切换动态 UCS 模式。

F7:切换栅格模式。

F8:切换正交模式。

F9:切换栅格捕捉模式。

F10:切换极轴角度自动追踪功能模式。

F11:切换对象捕捉点自动追踪功能模式。

2. 常用组合键

Ctrl + N:新建文件。

Ctrl + O:打开文件。

Ctrl + S:保存文件。

Ctrl + P:打印文件。

Ctrl + Z:撤销刚执行的命令。

Ctrl + X:剪切。

Ctrl + C:复制。

Ctrl + V:粘贴。

Ctrl + 1:在显示和关闭属性窗口之间切换。

Ctrl + 2:在显示和关闭设计中心窗口之间切换。

Ctrl + B:切换栅格捕捉模式。

Ctrl + F:切换对象捕捉模式。

Ctrl + G:切换栅格模式。

Ctrl + L:切换正交模式。

Ctrl + W:切换对象捕捉点自动追踪功能模式。

Ctrl + U:切换极轴角度自动追踪功能模式。

Ctrl + K:插入超链接。

1.6
图形文件的管理

AutoCAD 2010 中的图形文件管理包括创建新的图形文件、打开图形文件、保存图形文件、图形文件的加密、输入与输出图形文件等操作。

1.6.1 创建新的图形文件

用户可以通过以下四种方式建立新的图形文件。

(1) 菜单栏:选择"文件→新建"命令。

(2) 工具栏:单击"新建"按钮 📄 。

(3) 命令行:输入"New"命令,并按 Enter 键。

(4) 组合键:Ctrl + N。

启动新建文件命令,即可弹出"选择样板"对话框,如图 1.20 所示。在"选择样板"对话框中的"名称"列表

图 1.20 "选择样板"对话框

框中选中某一样板文件,在其右边的"预览"框中将显示出该样板的预览图像。单击"打开"按钮,可以选中的样板文件为样板创建新图形。

1.6.2 打开图形文件

打开现有的 AutoCAD 图形文件通常有以下四种方式。

(1) 菜单栏:选择"文件→打开"命令。

(2) 工具栏:单击"打开"按钮 📂 。

(3) 命令行:输入"Open"命令,并按 Enter 键。

(4) 组合键:Ctrl + O。

启动打开文件命令,即可弹出"选择文件"对话框,如图 1.21 所示。在右面的预览框中将显示出该图形的预览图像,在"选择文件"对话框中,选择一个或多个文件并单击"打开"按钮。可以在"文件名"中输入图形文件名并单击"打开"按钮,或在文件列表中双击文件名。用户可以以"打开""以只读方式打开""局部打开"和"以只

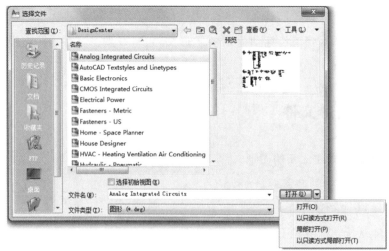

图 1.21 "选择文件"对话框

读方式局部打开"四种方式打开图形文件。默认情况下,打开的图形文件的格式为∗.dwg。

1.6.3 保存图形文件

在 AutoCAD 2010 中,保存图形文件有以下五种方式。

(1) 菜单栏:选择"文件→保存"命令(以当前使用的文件名保存图形)。

(2) 菜单栏:选择"文件→另存为"命令(以当前图形新的名称保存)。

(3) 工具栏:单击"保存"按钮 ![保存] (以当前使用的文件名保存图形)。

(4) 命令行:输入"Save"命令,并按 Enter 键。

(5) 组合键:Ctrl + S。

如图 1.22 所示,在默认情况下,文件以 AutoCAD 2010 图形(∗.dwg)格式保存,也可以在"文件类型"下拉列表框中选择其他格式。

图 1.22 "图形另存为"对话框

1.6.4 图形文件的加密

在 AutoCAD 2010 中,绘制图形完成后,在保存文件时可以使用密码保护功能,对文件进行加密保存。

图形文件的加密操作步骤如下。

(1) 启动"图形另存为"命令,即可弹出"图形另存为"对话框,单击对话框右侧的"工具"按钮,在下拉菜单里选择"安全选项"菜单,如图 1.23 所示。

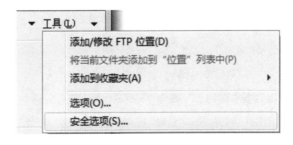

图 1.23 "安全选项"菜单

（2）在弹出的"安全选项"对话框中,在"用于打开此图形的密码或短语"文本框内输入密码,并单击"确定"按钮,如图 1.24 所示。

（3）在弹出的"确认密码"对话框中,在"再次输入用于打开此图形的密码"文本框内输入确认密码,如图1.25所示。

图 1.24　"安全选项"对话框

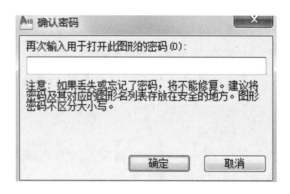

图 1.25　"确定密码"对话框

1.6.5　输入与输出图形文件

AutoCAD 2010 除了可以打开和保存 DWG 格式的图形文件外,还可以导入或导出其他格式的图形文件。为了使 AutoCAD 绘制的图形适用于其他软件平台或应用程序,必须将其转换为特定的格式,供用户在不同软件之间交换数据。

1. 输入图形文件

AutoCAD 2010 可以输入包括 DXF(图形交换格式)、DXB(二进制图形交换)、ACIS(实体造型系统)、3DS(3D Studio)、WMF(Windows 图元)、RML(圈阅标记)等类型格式的文件。

启动输入图形文件命令主要有以下两种方式。

（1）菜单栏:选择"文件→输入"命令。

（2）命令行:输入"Import"命令,按 Enter 键。

启动输入命令,即可弹出"输入文件"对话框,在"文件类型"下拉列表框中可以看到系统允许输入图元文件、ACIS 及 3D Studio 和 DGN 图形格式的文件,如图 1.26 所示。

2. 输出图形文件

AutoCAD 2010 可以输出包括 DXF(图形交换格式)、EPS(封装 Postscript)、ACIS(实体造型系统)、3DS(3D Studio)、WMF(Windows 图元)、BMP(位图)、STL(平版印刷)、DXX(属性数据提取)等类型格式的文件。

启动输出图形文件命令主要有以下两种方式。

（1）菜单栏:选择"文件→输出"命令。

（2）命令行:输入"Export"命令,并按 Enter 键。

启动输出命令,即可弹出"输出数据"对话框,如图 1.27 所示。在"文件类型"下拉列表框中可以选择文件类型,如"图元文件""ACIS""平板印刷""封装 PS""DXX 提取""位图"及"块"等。

图 1.26 "输入文件"对话框

图 1.27 "输出数据"对话框

1.7
建筑绘图环境设置

AutoCAD 2010 是基于一定的绘图环境进行工作的,因此需要在绘图之前按要求进行设置,以便用户在绘图时严格按照各种制图规范进行绘图。

1.7.1 设置参数选项

使用"选项"命令可以对系统进行设置,改变这些设置可以改变系统的一些操作界面、属性及文件配置等属性。

启动"选项"命令主要有以下三种方式。

(1) 菜单栏:选择"工具→选项"命令。

(2) 命令行:输入"Preferences"或"Options",并按 Enter 键。

(3) 右键菜单:选择"选项"命令。

启动"选项"命令即可弹出对话框,如图 1.28 所示。

图 1.28 "选项"对话框

选项卡的说明如下。

(1) 文件:该标签用于设置 AutoCAD 2010 的搜索支持文件、驱动程序、菜单文件以及其他文件的路径,还指定一些可选的用户定义设置。

（2）显示：设置 AutoCAD 2010 的显示特性，通过改变这些设置来改变显示效果，系统的速度也随之改变。

（3）打开和保存：用于设置 AutoCAD 2010 打开、保存文件时的有关选项，包括外部参照和外部程序的管理。

（4）打印和发布：用于设置与打印、打印设备有关的选项。

（5）系统：用于运行 AutoCAD 2010 的系统设置，包括运行模式。

（6）用户系统配置：设置在 AutoCAD 2010 中优化性能的选项。

（7）草图：用于设置绘图时有关的选项，如捕捉、追踪模式等。

（8）三维建模：用于设置三维建模方面的参数。

（9）选择集：设置与对象选择、选择集模式有关的选项。

（10）配置：用于控制配置的使用。

修改绘图窗口颜色，操作步骤如下。

（1）在"选项"对话框中的"显示"选项卡下单击"窗口元素"区域中的"颜色"按钮，即可弹出如图 1.29 所示的"图形窗口颜色"对话框。

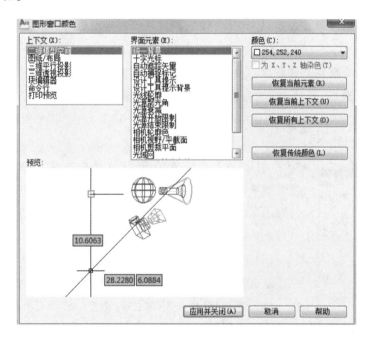

图 1.29 "图形窗口颜色"对话框

（2）单击对话框中"颜色"字样右侧的下拉列表，选择需要的窗口颜色，然后单击"应用并关闭"按钮。

1.7.2 规划图形单位和比例

启动"图形单位"命令主要有以下两种方式。

（1）菜单栏：选择"格式→单位"命令。

（2）命令行：输入"Units"命令，并按 Enter 键。

启动"图形单位"命令，即可弹出对话框，如图 1.30 所示。

"图形单位"对话框中的选项说明如下。

图 1.30 "图形单位"对话框

（1）长度：设置图形的长度单位和精度。类型：设置测量单位的当前格式。精度：线型测量值显示的小数位数或分数大小。

（2）角度：设置图形的角度格式和精度。类型：设置当前角度格式。精度：设置当前角度显示的精度。

（3）顺时针：选中该复选框，表示以顺时针方向计算正的角度值，默认的正角度方向为逆时针方向。设置零角度的位置：要控制角度的方向，单击对话框中的"方向"按钮，弹出"方向控制"子对话框。默认时 0°角的方向为正东方向，即 X 轴正方向。

图 1.31 "方向控制"对话框

（4）插入时的缩放单位：该区域中的位置用于在从设计中心向图形中插入图块时，如何对图块及内容进行缩放，下拉列表中的选项代表了插入所代表的单位，一般选择"无单位"选项，不对图块进行比例缩放而采用原始尺寸插入。

（5）输出样例：当用户修改单位位置时，对话框底部的"输出样例"提示栏显示选择单位的样式，上面为单位样式，下面为角度样式。

（6）光源：设置光源单位的类型。AutoCAD 2010 提供了三种光源单位：标准（常规）、国际（标准）和美国。

（7）方向：单击该按钮，即可弹出"方向控制"对话框，如图 1.31 所示。在该对话框中用户可以设定角度的 0°方向。

1.7.3 设置图形界限

在 AutoCAD 2010 中，绘图界限是设置图形绘制完成后输出的图纸大小。用户在绘制图形之前设置绘图界限，其作用是：为了在模型空间设置一个想象的矩形绘图区域，来规定一个范围让用户将所有的绘图工作在该区域内进行。

启动设置图形界限命令主要有以下两种方式。

（1）菜单栏：输入"格式→图形界限"。

（2）命令行：输入"Limits"命令，并按 Enter 键。

执行该命令后，AutoCAD 命令行将出现图 1.32 所示的界面。提示默认值为"0.000,0.000"，按 Enter 键，接受其默认值。

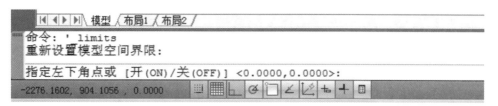

图 1.32　命令提示行（指定左下角点）

在左下角的位置确定后，命令行中又出现了新的提示信息，如图 1.33 所示，提示用户设置右上角点的位置。

图 1.33　命令提示行（指定右上角点）

在命令行中输入新的坐标值"200,100"，并按 Enter 键，即可确定绘图界限的右上角点的位置。

设置了边界后一定要用"Zoom"命令。具体方法是：输入"Z"，按 Enter 键，再输入"a"，按 Enter 键；然后在状态栏中单击"栅格"按钮，启用该功能，视图中显示出栅格点矩阵，栅格点的范围就是图形的界限。

选项说明如下。

（1）ON：打开边界检查功能，遇到超出边界的输入点时被拒绝。

（2）OFF：关闭边界检查功能，不进行边界检查，超出边界也可画图。

1.7.4　了解模型和布局

在 AutoCAD 经典工作界面中，其状态栏上的"模型"和"布局"选项卡提供了两种工作环境。一般来说，"模型"（模型空间）用来作草图和设计环境，创建二维图形或三维模型；而"布局"（图纸空间）是模拟图纸页面，提供直观的打印设置，专门用来进行出图的。图纸空间中可以创建并放置视口对象，可以添加标题栏或其他几何图形，还可以在图形中创建多个布局以显示不同视图，每个布局可以包含不同的打印比例和图纸尺寸。

本 章 小 结

本章主要介绍了 AutoCAD 2010 的各项基本知识，包括建筑装潢制图的要求与标准，AutoCAD 2010 的工作界面、图形文件的管理、建筑绘图环境的设置，以及鼠标和键盘操作。这些知识有助于加深用户对 AutoCAD 2010 的了解，对后面制图技巧的学习有很大的帮助。

第2章

AutoCAD 2010绘图基础

AutoCAD 2010 HUITU JICHU

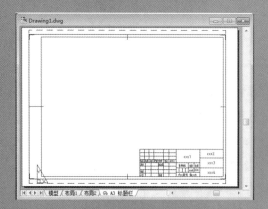

★ 学前指导

理论知识：学会使用二维视图,学会 CAD 命令的基本调用方法,掌握坐标系统、辅助工具的应用。

重点知识：坐标系统的应用。

难点知识：辅助工具的熟练应用。

2.1
AutoCAD 2010 的坐标系统

AutoCAD 2010 的坐标系有世界坐标系(WCS)和用户坐标系(UCS)两种。在绘图时,AutoCAD 2010 的坐标系提供了精确绘制图形的方法,我们可以按照非常高的精度标准准确地设计并绘制图形。

2.1.1　世界坐标系

图 2.1　世界坐标系图标

世界坐标系(WCS)由三个相互垂直并相交的坐标轴 X、Y 和 Z 组成。在制图过程中,WCS 是默认的坐标系统,位于绘图区的左下角,其坐标原点和坐标轴方向都不会改变,所有的位移都是相对于原点计算的。WCS 主要在绘制二维图形时使用,如图 2.1 所示。

2.1.2　创建用户坐标系

在 AutoCAD 2010 中,为了能够更好地辅助绘图,用户可以在绘图过程中根据具体需要来创建用户坐标系(user coordinate system,简称 UCS)。在默认情况下,用户坐标系统和世界坐标系统重合。用户坐标系可以移动和旋转,还可以依赖于图形中某个特定的对象。

1. 创建用户坐标系的方法

(1) 菜单栏:选择"工具→新建 UCS"命令,如图 2.2 所示。

(2) 命令行:输入"UCS"命令,并按 Enter 键。

执行该命令,命令行提示如下信息。

> "指定 UCS 的原点或 [面(F) /命名(NA) /对象(OB) /上一个(P) /视图(V) /世界(W) /X /Y /Z /Z 轴(ZA)] 〈世界〉:"

2. 选项说明

(1) 原点:将原坐标系平移到指定原点处,新坐标系的坐标轴与原坐标系的坐标轴方向相同。

(2) 面:使新建的用户坐标系平行于选择的平面。

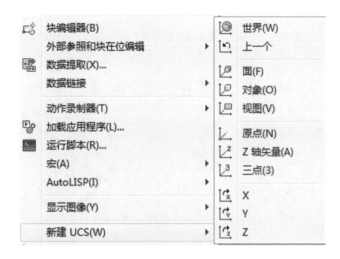

图 2.2   "新建 UCS"子菜单

（3）对象：根据选定三维对象定义新的坐标系。

（4）上一个：返回上一用户坐标系。

（5）世界：返回世界坐标系。

（6）三点：用三点来建立坐标系，第一点为新坐标系的原点，第二点为 X 轴正方向上的一点，第三点为 Y 轴正方向上的一点。

（7）Z 轴矢量：拉伸正 Z 轴定义 UCS。

（8）视图：以垂直于观察方向的平面为 XY 平面，建立新的坐标系。UCS 原点保持不变。

（9）X／Y／Z：将当前 UCS 绕指定轴旋转一定的角度。

2.1.3   绝对坐标与相对坐标

在 AutoCAD 2010 中，按坐标值参考点的不同，可以将坐标系分为绝对坐标和相对坐标。绝对坐标是以原点（0,0,0）为基点定位所有的点，定位一个点需要测量坐标值，具有很大的难度，因此在制图中不经常使用。

表达式为 X,Y,Z（二维制图时，Z 值为 0，所以只要输入 X 和 Y 轴坐标值即可）。

如"50,35"，表示 X 坐标值为 50，Y 坐标值为 35，如图 2.3 所示。

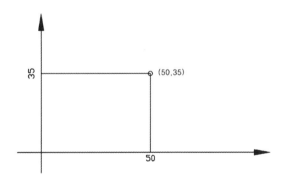

图 2.3   绝对直角坐标

相对坐标是相对参考点的偏移量，在实际绘制中要比绝对坐标方便，可以很清晰地按照对象的相对位置给出坐标。

表达式为@X,Y,Z。

如已知前一点的坐标为"(100,60)",第二点用相对坐标输入"@50,60"则该直线的终点坐标为"(150,120)",如图2.4所示。

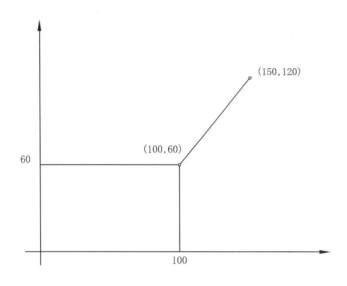

图2.4　相对直角坐标

在进行绘制时,灵活运用绝对坐标和相对坐标,将会大大提高绘图的效率。

2.1.4　绝对极坐标

绝对极坐标以原点作为极点,通过相对于极点的距离和角度来定义的。

表达式为L<α。

式中:L表示某点与当前坐标系原点的距离;α表示极长与坐标系X轴正方向的夹角。

如"(50<30)",表示某点距坐标系原点的距离为50,该点与坐标系原点的连线相对于坐标系X轴正方向的夹角为30°,如图2.5所示。

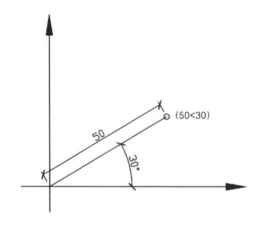

图2.5　绝对极坐标

2.1.5　相对极坐标

相对极坐标表示某点相对于参照点的极长距离和偏移角度。

表达式为@L<α。

式中:L表示目标点与参照点之间的距离;α表示目标点与参照点连线与X轴正方向的夹角。

如"@30<60",表示相对于前一点的距离是30,与X轴的夹角是60°,如图2.6所示。距离是相对于前一点,角度永远相对于X轴,而与前一点与X轴的连线夹角无关。

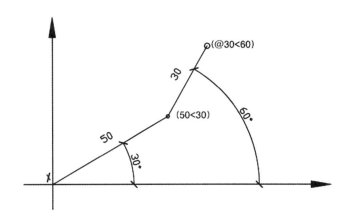

图2.6　相对极坐标

2.1.6　控制坐标系图标显示

在AutoCAD 2010中,可以通过选择"视图→显示→UCS图标"子菜单中的命令,控制坐标系图标的可见性及显示方式,如图2.7所示。

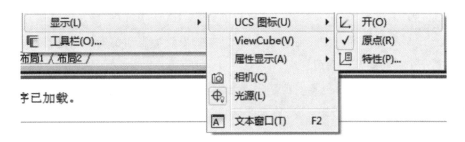

图2.7　"UCS图标"子菜单

选项说明如下。

(1) 开:选择该命令可以在当前视口中打开UCS图符显示;取消该命令则可在当前视口中关闭UCS图符显示。

(2) 原点:选择该命令可以在当前坐标系的原点处显示UCS图符;取消该命令则可以在视口的左下角显示UCS图符,而不考虑当前坐标系的原点。

(3) 特性:选择该命令,即可弹出UCS图标对话框,可以设置UCS图标样式、大小、颜色及布局选项卡中的图标颜色,如图2.8所示。

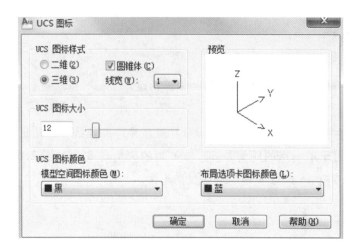

图 2.8 "UCS 图标"对话框

2.1.7 控制坐标显示

在 AutoCAD 2010 窗口底部的状态栏左侧,能够显示当前光标所处位置的坐标值,该坐标值有三种显示状态,如图 2.9 所示。

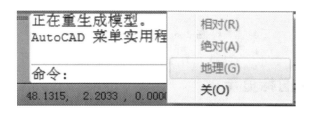

图 2.9 坐标显示方式菜单

选项说明如下。

(1) 绝对:显示光标的绝对坐标,并根据光标位置自动更新。默认情况下,显示方式是打开的。

(2) 相对:显示一个相对极坐标。当开启该显示方式时,如果光标当前位置处在选择点的状态,则将显示光标当前位置相对于上一个点的距离和角度。

(3) 关:显示上一个选择点的绝对坐标。但是当在绘图窗口中移动光标时,状态栏中的坐标显示区中的坐标值将不再自动更新,只有在选择一个新点时,显示才会更新。通过键盘输入新点的坐标时将不会更新坐标区域中的坐标值。

用户可根据需要在这三种坐标显示方式中切换,方法如下。

(1) 单击 AutoCAD 2010 主窗口状态栏的坐标显示区域。

(2) 功能键:按 F6 键。

(3) 组合键:按"Ctrl + D"键。

2.1.8 使用正交 UCS

选择菜单栏中的"工具→命名 UCS"命令,即可弹出"UCS"对话框,如图 2.10 所示。在"正交 UCS"选项卡的

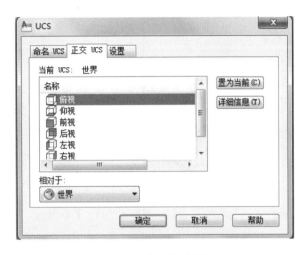

图 2.10 "UCS"对话框

"当前 UCS"列表中选择需要使用的正交坐标系,如俯视、仰视、左视、右视、前视和后视等。

选项说明如下。

(1) 深度:表示正交 UCS 的 XY 平面与通过坐标系统变量指定的坐标系统原点平行平面之间的距离。

(2) 相对于:用于指定定义正交 UCS 的基准坐标系。

2.2
AutoCAD 2010 图形的显示与控制

2.2.1 缩放与平移视图

在绘图过程中,为了方便绘图,通过缩放和平移视图的功能可以改变图形实体在视窗中显示的大小,从而方便地观察当前视窗中太大或太小的图形,或准确地进行绘制实体、捕捉目标等操作。

1. 缩放视图

1) 启动缩放视图的方式

启动缩放视图命令主要有以下三种方式。

(1) 菜单栏:选择"视图→缩放"命令,如图 2.11 所示。

(2) 工具栏:选择"标准→缩放对象"命令,如图 2.12 所示。

(3) 命令:输入"Zoom"命令,并按 Enter 键。

执行该命令后,AutoCAD 命令行将出现如下提示。

```
指定窗口的角点,输入比例因子 (nX 或 nXP),或者[全部(A)/中心(C)/动态(D)/范围(E)/上一个(P)/比例(S)/窗口(W)/对象(O)]〈实时〉:
```

图 2.11 "缩放"菜单

图 2.12 缩放工具栏

2) 选项说明

(1) 实时:激活该工具后,屏幕上将出现一个放大镜形状的光标,按住左键向下拖动光标,则可缩小视图;向上拖动光标,则可放大视图。

(2) 上一步:在图形中进行局部特写时,可能经常需要将图形缩小以观察总体布局。使用缩放工具的"上一步"命令,可以快速返回上一个视图。

(3) 窗口:通过确定矩形的两角点,拉出一个矩形窗口,窗口区域的图形将放大到整个视图范围。

(4) 动态:激活该工具后,屏幕将临时切换到虚拟状态,同时出现三种视图框,其中蓝色虚线框代表当前视图框,也就是在缩放视图之前的窗口区域;黑色的实线框是一个选择视图框,它有平移和缩放两种功能,缩放功能用于调整缩放区域,平移功能用于定位需要缩放的图形。

(5) 比例:比例缩放是一个定量的精确缩放命令,是按照指定的比例进行放大或缩小视图,在缩放过程中,视图的中心点保持不变。

(6) 中心:要求先确定中心点,然后以该点为基点,整个图形按照指定的缩放比例缩放。而该点在缩放操作后即成为新视图的中心点。

(7) 对象:可根据所选择的图形对象自动调整适当的显示状态。激活该命令后,选择图形对象右击鼠标,可最大化显示所选择的图形对象。

(8) 放大:此功能用于放大视图,单击一次,视图被放大一倍显示,连续单击,则连续放大视图。

(9) 缩小:此功能用于缩小视图,单击一次,视图被缩小一半显示,连续单击,则连续缩小视图。

(10) 全部:最大化显示当前文件中的图形界限。

(11) 范围:此功能用于最大化显示视图内的所有图形,使其最大限度地充满整个屏幕。

2. 平移视图

当图形不能完全显示在屏幕窗口内时,在不改变图形显示大小的情况下,可以使用图形平移命令来查看当前视口以外的图形部分。

1) 启动平移视图的方式

启动平移命令主要有以下三种方式。

(1) 菜单栏:选择"视图→平移"命令,如图 2.13 所示。

(2) 工具栏:选择"标准→实时平移"命令,如图 2.14 所示。

(3) 命令行:输入"Pan"命令,并按 Enter 键。

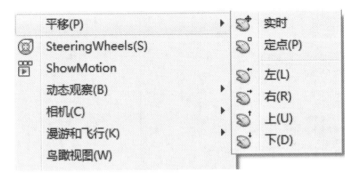

图 2.13 "平移"菜单

图 2.14 "平移"工具栏

执行该命令后,AutoCAD 命令行将出现如下提示。

按 Esc 或 Enter 键退出,或单击右键显示快捷菜单

(4) 快捷菜单:单击鼠标右键,选择"平移"命令,如图 2.15 所示。

2) 选项说明

(1) 实时:通过鼠标的拖动来实现任意方向上的平移,是平移命令中最常用的选项,也是默认选项。

(2) 定点:通过输入点的坐标或用鼠标指定点的坐标来确定位移。

(3) 左:该选项移动图形后使屏幕左部图形进入显示窗口。

(4) 右:该选项移动图形后使屏幕右部图形进入显示窗口。

(5) 上:该选项向底部平移图形后使屏幕顶部的图形进入显示窗口。

(6) 下:该选项向顶部平移图形后使屏幕底部的图形进入显示窗口。

图 2.15 单击鼠标右键会出现的快捷菜单

2.2.2 使用命名视图

使用命名视图,可以在一张复杂的工程图纸上创建多个视图。当要查看、修改某一部分视图时,只需将该视图恢复到当前即可。

1. 命名视图

1) 启动命名视图

选择"视图→命名视图"命令,即可弹出如图 2.16 所示对话框,在此对话框中可以创建、设置、重命名以及删除命名视图。

2) 选项说明

(1) 查看:列出了已命名的视图和可作为当前视图的类别。

(2) 信息:显示指定命名视图的详细信息。

(3) 置为当前:将选中的命名视图设置为当前视图。

(4) 新建:创建新的命名视图,此时需要输入视图名称、视图类别、指定视图的显示区域以及 UCS 设置,如图 2.17 所示。

图 2.16 "视图管理器"对话框

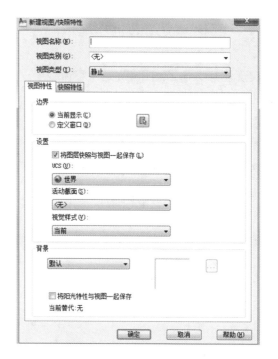

图 2.17 "新建视图"对话框

① 视图名称:设置视图的名称。

② 视图类别:指定命名视图的类别。可以从列表中选择,也可以输入新类别。

③ 当前显示:使用当前显示作为新视图。

④ 定义窗口:自定义窗口作为新视图。

⑤ 定义视图窗口:系统将切换到绘图区,使用鼠标在绘图区域指定两个角点,将该自定义的窗口作为新视图。

⑥ 将图层快照与视图一起保存:在新的命名视图中保存当前图层的可见性。

⑦ UCS:从列表中选择与新视图一起保存的 UCS 坐标系,适用于模型空间和布局空间。

⑧ 活动截面:从列表中指定恢复视图时应用的活动截面,仅适用于模型空间。

⑨ 视觉样式:从列表中指定与视图一起保存的视觉样式,仅适用于模型空间。

⑩ 背景:从列表中指定应用于选定视图的背景类型。

⑪ 将阳光特性与视图一起保存:勾选该项,"阳光与天光"数据将与命名视图一起保存。

(5) 更新图层:将选中的命名视图中保存的图层信息更新为当前模型空间或布局窗口中的图层信息。

(6) 编辑边界:切换到绘图窗口中,可以重新定义视图的边界。

2. 恢复命名视图

当需要重新使用一个命名视图时,可以将其恢复。如果在绘图时使用多个平铺视口,那么将把该视图恢复到当前视口,也可以将该命名视图恢复到图纸空间的浮动视口中。

恢复视图时可以恢复视口的中点、查看方向、缩放比例因子和透视图(镜头长度)等设置,如果在命名视图时将当前的 UCS 随视图一起保存起来,当恢复视图时也可以恢复 UCS。

2.2.3 使用平铺视口

AutoCAD 2010 提供了平铺视口功能,可以将绘图窗口划分为若干个视口矩形区域,其中每一个区域都可以用来查看图形的不同部分。在绘制较复杂的图形时,可以缩短在单一视图中平移或缩放的时间,满足绘图需要。

1. 创建平铺视口

选择"视图→视口→新建视口"命令,即可弹出图 2.18 所示的对话框。在该对话框中可以创建新的视口配置,或命名和保存模型视口配置。

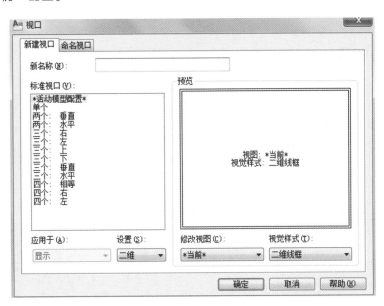

图 2.18 "新建视口"对话框

选项说明如下。

(1) 新名称:可以输入新建的平铺视口的名称。

(2) 标准视口:选择可用的标准的视口配置,此时预览区将显示所选视口配置以及已赋予每个视口默认视图的预览图像。

(3) 应用于:选择将所选的视口设置用于整个显示屏幕还是用于当前视口中。

(4) 设置:选择在二维或三维空间中配置视口。

(5) 修改视图:选择一个视口配置代替已选择的视口配置。

(6) 视觉样式:选择一种视觉样式代替当前的视觉样式。

2．分割与合并视口

选择"视图→视口"菜单中的相应子命令，可以在不改变视口显示的情况下，分割或合并当前视口。例如，选择"视图→视口→一个视口"命令，可以将当前视口扩大至充满整个绘图窗口；选择"视图→视口→两个视口、三个视口、四个视口"命令，可以将当前视口分割为两个、三个、四个视口。

选择"视图→视口→合并"命令，系统要求选定一个视口作为主视口，然后选择一个与主视口相邻的视口，将其与主视口合并。

2.3
AutoCAD 2010 图层的创建

在 AutoCAD 2010 中，所有图形对象都具有图层、颜色、线型和线宽等基本属性。用户可以使用不同的图层、不同的颜色、不同的线型和线宽绘制不同的对象和元素，以方便控制对象的显示和编辑，从而提高绘制复杂图形的效率和准确性。

2.3.1　图层的特点

在 AutoCAD 2010 中，图层就像透明的覆盖层，相当于绘图中使用的重叠图纸。用户可以分别在不同的透明图纸上绘制不同的对象，然后将这些透明图纸重叠起来，最终形成复杂的图形。图层是图形绘制中使用的重要组织工具。在 AutoCAD 2010 中绘图，利用绘图可以很好地组织不同类型的图形信息，并对整个图形进行综合控制。

2.3.2　图层的创建

图层是用来组织图形最为有效的工具之一，可利用它有效地编辑、管理和控制复杂的图形，用户要养成以性质相近的一组对象创建和命名图层的习惯。

开始绘制新图形时，系统将自动创建一个名为"图层 0"的特殊图层。默认情况下，"图层 0"将被指定使用 7 号颜色（白色或黑色，由背景色决定）、Continuous 线型及 Normal 打印样式，用户不能删除或重命名"图层 0"。在绘制过程中，如果用户要使用更多的图层来组织图形，就需要先创建新图层。

启动图层特性管理器对话框主要有以下三种方式。

（1）菜单栏：选择"格式→图层"命令，如图 2.19 所示。

（2）图层工具栏：选择"图层特性管理器"按钮 ▣ 。

（3）命令行：输入"Layer"命令，并按 Enter 键。

在"图层特性管理器"对话框中，单击新建图层按钮，图层列表中将自动添加名为"图层 1"的图层，所添加图层呈被选中状态即高亮显示状态，如图 2.20 所示。

图 2.19　"图层特性管理器"对话框

图 2.20　"新建图层"对话框

　　图层名最多可包含 255 个字符,其中包括字母、数字和特殊字符。通过多次单击新建图层按钮,创建其余各图层,并以同样的方法为每个新建图层命名。设置完成后,关闭该对话框即可。

2.3.3　图层删除

　　在"图层特性管理器"对话框的图层列表中选择需要删除的图层,该图层呈高亮显示,表明该图层已被选中,单击删除按钮,即可删除所选图形,如图 2.21 所示。

　　参照图层不能被删除。参照图层包括图层 0、图层 Defpoints、当前图层、含有实体的图层和依赖于外部参照的图层。

2.3.4　设置当前图层

　　当前图层就是绘图层,用户只能在当前图层上绘制图形,并且所绘制的实体将继承当前图层的属性,当前图层的状态都显示在特性工具栏中。

图 2.21 "删除图层"对话框

设置当前图层有以下几种方式。

(1) 菜单栏：选择"格式→图层"命令。

在弹出的"图层特性管理器"对话框中，在图层列表中选择某一图层后，单击"置为当前" ✔ 按钮，即可将该图层设置为当前图层，如图 2.22 所示。

图 2.22 "图层特性管理器"对话框(设置当前图层)

(2) 菜单栏：选择"格式→图层工具→更改为当前图层"命令，如图 2.23 所示。

(3) 工具栏：选择图层面板中的"将对象的图层置为当前"按钮 ▱ 。当光标变成 ▱ 形状时，选择要更改到当前图层的对象并按 Enter 键，也可将对象更改为当前图层，如图 2.24 所示。

2.3.5 设置图层颜色

绘图时通常将不同图层用不同线型和不同颜色来显示。要改变图层的颜色时，在"图层特性编辑器"对话

图 2.23 "图层工具"菜单

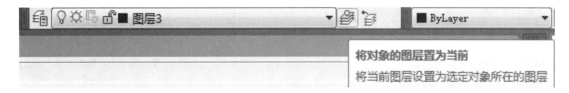

图 2.24 图层工具栏

框中,单击某图层所对应的颜色图标,弹出"选择颜色"对话框,在该对话框中选择一种颜色,单击"确定"按钮,就对所选图层赋予了新的颜色,如图 2.25 所示。

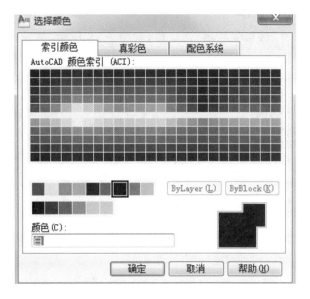

图 2.25 "选择颜色"对话框

"选择颜色"对话框是一个标准的颜色设置对话框,可以使用索引颜色、真彩色和配色系统三个选项卡来选择颜色。

2.3.6 设置图层线型

线型是由虚线、点和空格组成的重复图案,显示为直线或曲线。在绘制图形时要使用线型来区分图形元素,这就需要对线型进行设置。默认情况下,图层的线型为"Continuous"。

在"图层特性管理器"对话框中单击线型下的"Continuous"按钮,弹出"选择线型"对话框,如图2.26所示。在"选择线型"对话框中,单击"加载"按钮,弹出"加载或重载线型"对话框,如图2.27所示。在该对话框中选择所需线型,然后单击"确定"按钮,回到"选择线型"对话框。单击"确定"按钮,完成线型的设置。

图 2.26 "选择线型"对话框

图 2.27 "加载或重载线型"对话框

2.3.7 设置线型比例

在加载线型时,系统除了提供实线线型外,还提供了大量的非连续线型。由于非连续线型受图形尺寸的影响,图形中绘制的非连续线型的外观也将不同。

选择"格式→线型"命令,打开"线型管理器"对话框,如图2.28所示,并设置图形中的线型比例,从而改变非连续线型的外观。

单击"显示细节"按钮,展开详细信息选项区,在"全局比例因子"文本框中,输入需要的比例因子。

图 2.28 "线型管理器"对话框

2.3.8 设置图层线宽

线宽设置就是改变线条的宽度。在 AutoCAD 2010 中,使用不同宽度的线条表现对象的大小或类型,可以提高图形的表达能力和可读性。

设置图层线宽主要有以下两种方式。

(1) 选择"图层特性管理器"对话框中该图层对应的线宽,即会弹出"线宽"对话框,如图 2.29 所示。

(2) 选择菜单栏中"格式→线宽"命令,打开"线宽设置"对话框,如图 2.30 所示,通过调整线宽比例,使图形中的线宽显示得更宽或更窄。

图 2.29 "线宽"对话框

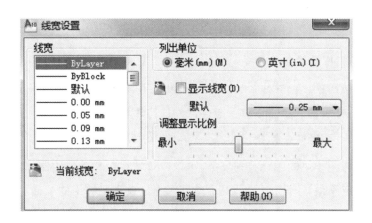

图 2.30 "线宽设置"对话框

2.3.9 控制图层状态

使用图层绘制图形时,新对象的各种特性将默认为随层,由当前图层的默认设置决定。也可以单独设置对象的特性,新设置的特性将覆盖原来随层的特性。在"图层特性管理器"对话框中,每个图层都包含"状态""名称""打开/关闭""冻结/解冻""锁定/解锁""线型""颜色""线宽"和"打印样式"等特性,如图 2.31 所示。

图 2.31 图层工具栏

1. 打开或关闭图层 💡/💡

该按钮用于控制图层的打开和关闭。在默认状态下,所有图层都为打开的图层,即位于所有图层上的图形都被显示在屏幕上。

在开关按钮上单击,按钮变暗,则该图层被关闭,位于该图层上的所有图形对象将在屏幕上关闭,该图层的对象不能被打印或由绘图仪输出,但重新生成图形时,图层上的实体仍将重新生成。

2. 在所有视口中冻结或解冻图层 ☼/❄

该按钮用于在所有视图窗口中冻结或解冻图层。默认状态下图层是被解冻的,按钮显示为 ☼。如按钮显示为 ❄ 时,则该图层被冻结,位于该图层中的对象不能在屏幕上显示或由绘图仪输出,不能进行重生成、消隐、渲染和打印等操作。

3. 在当前视口中冻结或解冻图层

该按钮的功能是冻结或解冻当前视口中的图形对象,不过它在模型空间内是不可用的,只能在图纸空间内使用。

4. 锁定或解锁图层 /

该按钮用于锁定图层或解锁图层。默认状态下图层是解锁的。按钮显示为 ,表示该图层被锁定,用户只能观察该图层中的图形,不能对其编辑和修改,但该图层上的图形仍可以显示和输出。

2.3.10 建筑装潢制图中图层的规定

1. 按图层对象分类

按照柱、墙、轴线、尺寸标注、一般汉字、门窗看线、家具等来定义图层,将图形对象分类组织到不同的图层中,这样设计人员可以方便图样文件的打印输出。

2. 图层越少越好

将图样中的图元分别归类,可以有效地组织和管理图层,但也并不是分类越细越好。图层太多会给图形绘制造成不便,因此,图层设置的首要原则是在满足够用的基础上图层数量越少越好。

3. 图层的使用

0 图层是 AutoCAD 的默认图层,图层颜色为白色,用户不可以重命名和删除。若将大量的图层对象都绘制在 0 图层中,会使图形文档看起来杂乱无章,层次不清晰,也无法用颜色、线型和线宽区别不同的图元对象。通常情况下,0 图层可用来创建图块,在定义图层时,先将图形对象置于 0 图层,然后定义为块,这样可以确保在插入块时,图块能够自动插入到当前图层中。

4. 合理地设置图层线型、颜色、线宽

合理地利用图层的颜色、线型、线宽等属性,可以使图形文档层次分明、结构清晰,在方便他人阅读文档的同时,也可使自己的绘图效率大大提高。在设置图层的颜色时,要注意将不同的图层设置成不同的颜色,这样在绘图时,才能够很明显地进行区分。如果两个图层是同一个颜色,那么在显示时,就很难判断正在操作的图元是在哪一个图层上。线宽和线型的设置要遵照制图规范的要求。

2.4
AutoCAD 2010 辅助绘图功能

AutoCAD 2010 的辅助绘图功能包括动态输入功能、捕捉和栅格、正交及极轴等。这些功能都是为了精确地定位与绘制图形而设置的。

2.4.1　使用动态输入

动态输入框是一个浮动窗口,在执行绘图命令时十字光标附近将出现一个用于输入命令的文本框,方便用户在绘图区域动态输入并显示命令行提示信息。

启动动态输入命令主要有以下两种方式。

(1) 状态栏:选择"动态输入"按钮 ┼▫ 。

(2) 菜单栏:选择"工具→草图设置→动态输入"命令。

在"草图设置"对话框的"动态输入"选项卡中,如图 2.32 所示,可以对相关选项进行设置。

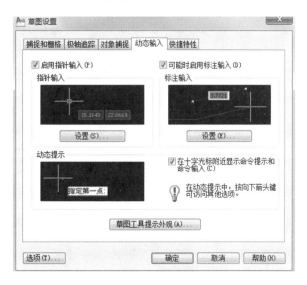

图 2.32　"草图设置"对话框的"动态输入"选项卡

选项说明如下。

(1) 指针输入:在"指针输入"选项区域单击"设置"按钮,在弹出的"指针输入设置"对话框中设置指针的格式和可见性,如图 2.33 所示。

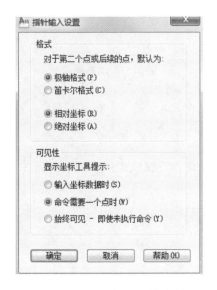

图 2.33　"指针输入设置"对话框

（2）标注输入：在"标注输入"选项区域单击"设置"按钮，在弹出的"标注输入的设置"对话框中可以设置标注的可见性，如图2.34所示。

图2.34 "标注输入的设置"对话框

（3）动态提示：启用动态提示时，提示会显示在光标附近的提示文本框中，可以在提示文本框中输入响应，如图2.35所示。

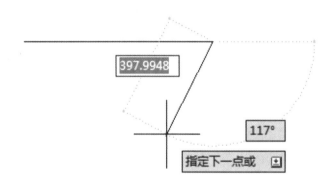

图2.35 动态提示

2.4.2 使用正交模式

在使用AutoCAD 2010绘制图形时，使用正交模式用于约束光标在水平或垂直方向上的移动。

启动正交模式命令主要有以下两种方式。

（1）状态栏：选择"正交模式"按钮 ⌐ 。

（2）功能键：按F8键。

启用正交模式，用户只能在0°、90°、180°或者270°这四个方向上绘制直线。正交模式和极轴追踪模式不能同时打开，打开正交模式将关闭极轴追踪模式。

2.4.3 设置对象捕捉功能

在 AutoCAD 2010 中有两种对象捕捉方式:一种是临时目标捕捉方式;另一种是自动对象捕捉方式。下面分别介绍。

1. 临时目标捕捉方式

临时目标捕捉方式是临时的,单击一次按钮,仅对本次捕捉点有效。

启动临时对象捕捉有以下两种方式。

(1) 菜单栏:选择"工具→工具栏→AutoCAD→对象捕捉"命令,弹出如图 2.36 所示的"对象捕捉"工具栏,选择"临时捕捉点"图标。

(2) 功能键:按 Shift 键的同时单击鼠标右键,在弹出的快捷菜单中选择临时捕捉点,如图 2.37 所示。

图 2.36 "对象捕捉"工具栏

图 2.37 对象捕捉快捷菜单

2. 自动对象捕捉功能

AutoCAD 2010 提供了一种自动对象捕捉功能,即十字光标定位在特征点附近,系统自动捕捉到该对象上所有符合条件的特征点,并显示相应的标记。

启动自动对象捕捉功能有以下两种方式。

(1) 菜单栏:选择"工具→草图设置→对象捕捉"命令。

(2) 命令行:输入"Osnap"命令,并按 Enter 键。

在"草图设置"对话框的"对象捕捉"选项卡中,如图 2.38 所示,可以对相关选项进行设置。

选项说明如下。

(1) 启用对象捕捉:控制对象捕捉方式的打开或关闭。单击状态栏上的"对象捕捉"按钮 ⬜,或者使用功能键 F3 都可以打开或关闭对象捕捉。

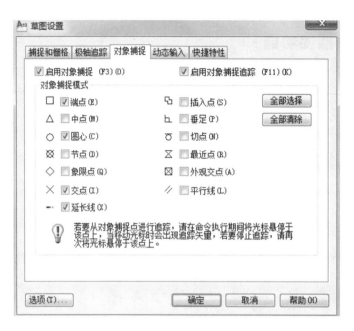

图2.38 "草图设置"对话框的"对象捕捉"选项卡

（2）启用对象捕捉追踪：打开或关闭自动追踪功能。单击状态栏上的"对象追踪"按钮 ∠ ，或者使用功能键F11都可以打开或关闭对象捕捉追踪。

（3）对象捕捉模式：列出了各种捕捉模式，选中某一模式则该模式被激活。单击"全部选择"按钮，则选中所有模式。单击"全部清除"按钮，则取消选择所有模式。

对象捕捉模式说明如下。

① 端点：捕捉到对象端点。

② 中点：捕捉到对象中点。

③ 圆心：捕捉到圆弧、圆、椭圆或椭圆弧的圆心点。

④ 节点：捕捉到点对象。

⑤ 象限点：捕捉到圆弧、圆、椭圆或椭圆弧的象限点。

⑥ 交点：捕捉到对象交点。

⑦ 延长线：捕捉到对象的延伸路径。

⑧ 插入点：捕捉块、形、文字、属性或属性定义的插入点。

⑨ 垂足：捕捉到对象上点、构造垂足（法线）对齐。

⑩ 切点：捕捉到圆弧、圆、椭圆、椭圆弧或曲线的切点。

⑪ 最近点：捕捉到与选择点最近的对象捕捉点。

⑫ 外观交点：捕捉两个对象视觉上的交点，但两个对象不一定在同一个平面上。

⑬ 平行线：对齐路径上的一点与选定对象平行。

（4）选项：单击该按钮，可打开选项对话框的草图选项卡，可以在该对话框内对捕捉模式的各项进行设置。

2.4.4 启用捕捉和栅格功能

在绘制图形时，使用捕捉和栅格功能可以精确定位点，提高绘图效率。

1．捕捉模式

捕捉模式用于设定鼠标光标一次移动的间距。

启动捕捉模式命令有以下四种方式。

（1）菜单栏：选择"工具→草图设置→捕捉和栅格"命令，勾选"启用捕捉"。

（2）状态栏：选择"捕捉模式"按钮 ▦ 。

（3）功能键：按 F7 键。

（4）命令行：输入"Snap"命令，并按 Enter 键。

2．栅格显示

栅格显示由规则的点阵图案组成，分布在图形界限内，起坐标值的作用，可以提供直观的距离和位置参照。

启动栅格显示命令有以下四种方式。

（1）菜单栏：选择"工具→草图设置→捕捉和栅格"命令，勾选"启用栅格"。

（2）状态栏：选择"栅格显示"按钮 ▦ 。

（3）功能键：按 F9 键。

（4）命令行：输入"Grid"命令，并按 Enter 键。

3．选项功能

在"草图设置"对话框的"捕捉和栅格"选项卡中，如图2.39所示，可以设置捕捉和栅格的相关参数，各选项的功能如下。

图2.39 "草图设置"对话框的"捕捉和栅格"选项卡

（1）启用捕捉：打开或关闭捕捉方式。

（2）捕捉选项组：设置捕捉间距、捕捉角度以及捕捉基点坐标。

（3）启用栅格：打开或关闭栅格的显示。

（4）栅格选项组：设置栅格间距。

(5) 捕捉类型:设置捕捉类型和样式。

(6) 栅格行为:设置视觉样式下栅格线的显示样式。

2.4.5 设置捕捉自功能

在使用相对坐标指定下一个应用点时,捕捉自工具可以提示输入基点,并将该点作为临时参照点,这与通过输入前缀@使用最后一个点作为参照点类似。

启动捕捉自命令有以下两种方式。

(1) 菜单栏:选择"工具→工具栏→ AutoCAD→对象捕捉"命令,弹出对象捕捉工具栏,选择捕捉自按钮。

(2) 功能键:按 Shift 键的同时单击鼠标右键,在弹出的快捷菜单中选择"自"命令。

2.4.6 设置极轴追踪

极轴追踪是按事先给定的增量角及其倍数,引出相应的极轴追踪虚线所定位的方向矢量上进行精确定位跟踪点。

1. 启动极轴追踪

启动极轴追踪命令主要有以下三种方式。

(1) 状态栏:选择"极轴追踪"按钮。

(2) 菜单栏:选择"工具→草图设置→极轴追踪"命令。

(3) 功能键:按 F10 键。

执行该命令后,会弹出如图 2.40 所示的对话框,可以设置极轴追踪。

图 2.40 "草图设置"对话框的"极轴追踪"选项卡

2．选项说明

（1）增量角：选择极轴追踪角度，系统提供了多种增量角，如 90°、60°、45°、30°等，当光标的相对角度等于该角度或该角度的整数倍时，将自动显示追踪路径。

（2）附加角：增加任意角度值作为极轴追踪角度。选中附加角复选框，并单击"新建"按钮，输入所需追踪的角度值。

（3）仅正交追踪：表示仅在 X 轴和 Y 轴方向上对捕捉点进行追踪。

（4）用所有极轴角设置追踪：表示可按极轴设置的角度进行追踪。

（5）绝对：极轴角度绝对测量模式。选择该模式后，系统将以当前坐标系下的 X 轴为起始轴算出所追踪到的角度。

（6）相对上一段：极轴角度相对测量模式。选择该模式后，系统将以上一个创建的对象为起始轴计算出所追踪到的相对于此对象的角度。

2.5
管理用户界面

通过 AutoCAD 2010 的自定义，可以按照用户的使用习惯改变原有的默认设置，在很大程度上提高用户的工作和学习效率。

2.5.1 自定义用户界面

"自定义用户界面"对话框中的用户界面元素用于控制启动标准命令和自定义命令方式。通过"自定义用户界面"对话框，可以排列和访问常用命令，还可以通过创建自定义命令来扩展 AutoCAD。

"自定义用户界面"对话框可用于管理自定义的用户界面元素。

1．启动自定义用户界面

启动自定义用户界面命令主要有以下四种方式。

（1）菜单栏：选择"工具→自定义→界面"命令，即可弹出"自定义用户界面"对话框，如图 2.41 所示。

（2）工具栏：选择"工作空间下拉列表→自定义"命令，如图 2.42 所示。

（3）命令行：输入"Cui"命令，并按 Enter 键。

（4）快捷菜单：在任意工具栏上右击，从快捷菜单中选择"自定义"选项。

"自定义用户界面"对话框包括两个选项卡，其中"自定义"选项卡可控制当前的界面设置，"传输"选项卡可输入菜单设置。

2．"自定义"选项卡

"自定义"选项卡用于自定义工作空间、工具栏、菜单、快捷菜单和其他用户界面元素。选项说明如下。

图 2.41 "自定义用户界面"对话框

图 2.42 工作空间下拉列表

（1）自定义：显示可以自定义的用户界面元素（如工作空间、工具栏、菜单、部分 CUI 文件等）的树状结构。

（2）动态显示：显示左窗格的树状图中选择的用户界面元素的内容。

（3）命令列表：显示程序中加载的命令列表。

（4）特性：显示可以查看、编辑或删除的用户界面特性。

3．"传输"选项卡

"传输"选项卡：在存储界面元素数据的主自定义文件 CUI 或部分自定义文件中，传入或传出用户界面元素。可打开 CUI、MNU（传统菜单文件）或 MNS（传统菜单样板文件）文件输入或输出用户界面数据。打开 MNU 或 MNS 文件时，它们将自动转换为 CUI 文件格式。不能修改原始 MNU 或 MNS 文件。

自定义用户界面，操作步骤如下。

（1）启动自定义用户界面命令。在"自定义"选项卡的左上方列表中单击"功能区"选项前的" + "号按钮，在展开的列表中选择"选项卡"选项并右击鼠标，然后在弹出的快捷菜单中选择"新建选项卡"选项，如图 2.43 所示。

图 2.43 选择"新建选项卡"选项

（2）在文本框中输入"用户定义"，列表中将显示新建的选项卡，如图2.44所示。

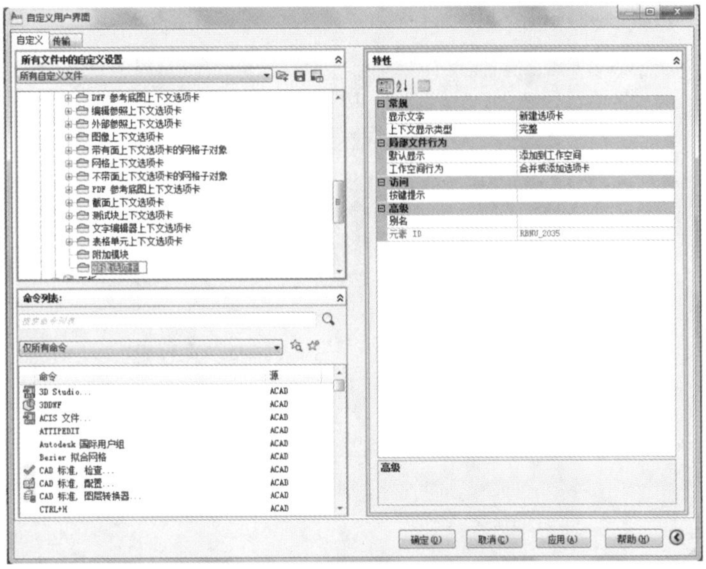

图 2.44　显示新建的选项卡

（3）依次单击"应用"和"确定"按钮，即可自定义用户界面。

2.5.2　自定义个性化工具栏

AutoCAD 2010 提供了自定义工具栏功能，用户可以在绘图区域中放置工具栏或调整工具栏大小，以便获得最佳绘图效率或最大空间。用户可以将自己常用的一些工具按钮放置到自定义的工具栏上，创建一个新工具栏。

1．操作步骤

（1）启动自定义用户界面命令。在"自定义用户界面"对话框中单击"自定义"选项卡，在"所有 CUI 文件中的自定义"下拉列表框中选择"所有自定义文件"选项，在列表框中选择"工具栏"选项，单击鼠标右键，弹出如图2.45所示的快捷菜单，选择"新建工具栏"命令。

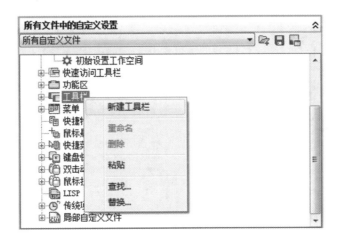

图 2.45　"工具栏"的右键菜单

(2)选择"工具栏1",修改"特性"选项区中的内容,如图2.46所示。

图2.46 "特性"选项区

2．选项说明

(1)说明:可以在文本框中输入说明文字。

(2)默认显示:下拉列表中选择"添加到工作空间"选项,如果选择"添加到工作空间"选项,此工具栏将会显示在所有工作空间中。

(3)方向:在其下拉列表中可选择"浮动""顶部""底部""左"或"右"中的某一选项。

(4)默认X位置、默认Y位置:可以在文本框中分别输入相应的数值。

(5)行:可以在文本框中输入浮动工具栏的行数。

(6)别名:可以为工具栏起一个别名。

单击左侧的"命令列表"选项区中的"创建新命令" 按钮,创建"命令1"命令,在右侧的"按钮图像"选项区中选择一个按钮,作为"命令1"的按钮,并将其拖动至"常用工具栏"中,如图2.47所示。

图2.47 "自定义用户界面"对话框(自定义工具栏)

重复上一步骤,创建多个命令,创建完成之后,单击"确定"按钮,在工作空间中即可看到所创建的"常用工具栏"。

2.5.3 保存工作空间

在 AutoCAD 2010 中可以创建具有个性化的工作空间,同时还可以将创建的工作空间保存起来。操作步骤如下。

选择"工作→工作空间→工作空间设置"命令,即可弹出"工作空间设置"对话框,如图 2.48 所示,在该对话框中可以设置当前工作空间。

图 2.48 "工作空间设置"对话框

选择"工作→工作空间→将当前工作空间另存为"命令,打开"保存工作空间"对话框,如图 2.49 所示。

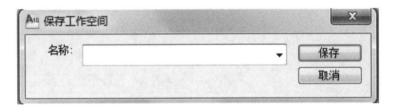

图 2.49 "保存工作空间"对话框

在"名称"文本框中输入需要保存的工作空间名称,单击"保存"按钮完成当前工作空间的保存操作。

2.6
切换绘图空间

2.6.1 切换模型空间与图纸空间

图 2.50 "模型"与"布局"选项卡

在 AutoCAD 2010 绘图区底部有两个或两个以上选项卡,包括一个"模型"选项卡和一个或多个"布局"选项卡,如图 2.50 所示。

在模型空间和图纸空间都可以进行输出设置时,单击"模型"选项卡或"布局"选项卡就可以在它们之间进行切换。

2.6.2 创建新布局

在 AutoCAD 2010 中,可以通过创建布局向导创建新布局。

创建新布局的操作方法如下。

(1) 选择"插入→布局→创建布局向导"命令,系统将弹出如图 2.51 所示的"创建布局-开始"对话框,在对话框中,输入新创建的布局的名称,单击"下一步"按钮继续设置。

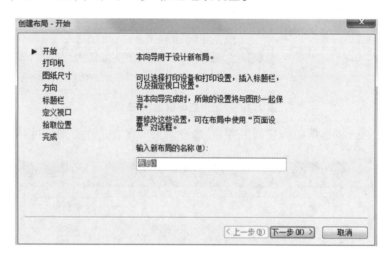

图 2.51 "创建布局-开始"对话框

(2) 在弹出的"创建布局-打印机"对话框中,如图 2.52 所示,从列表中选择正确的打印机作为输出设备,单击"下一步"按钮继续设置。

(3) 在弹出的"创建布局-图纸尺寸"对话框中选择打印图形的大小并选择所用的单位。"图形单位"选项区用于控制图形单位,可以选择"毫米""英寸"或"像素"。选中"毫米",再选择纸张大小为"A4(297 mm×210

图 2.52 "创建布局-打印机"对话框

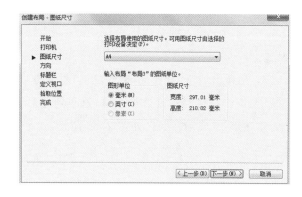

图 2.53 "创建布局-图纸尺寸"对话框

mm)",如图 2.53 所示,单击"下一步"按钮继续设置。

(4) 在弹出的"创建布局-方向"对话框中设置图形在图纸上的方向,如图 2.54 所示,单击"下一步"按钮继续设置。

(5) 在弹出的"创建布局-标题栏"对话框中选择图纸的边框和标题栏的样式,如图 2.55 所示。单击"下一步"按钮继续设置。

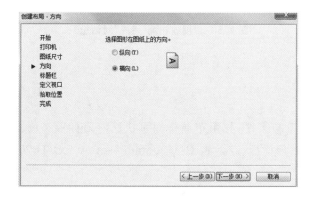

图 2.54 "创建布局-方向"对话框

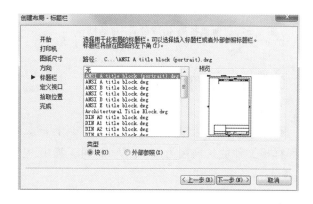

图 2.55 "创建布局-标题栏"对话框

(6) 在弹出的"创建布局-定义视口"对话框中可以指定新创建的布局默认视口设置和比例等,如图 2.56 所示。其中"视口设置"选项区用于设置当前布局定义视口数。"视口比例"下拉列表框用于设置视口的比例,当

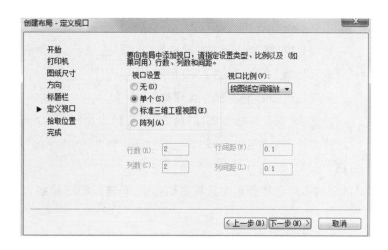

图 2.56 "创建布局-定义视口"对话框

选择"阵列"选项时,下面四个文本框变得可用,左边两个文本框分别用于输入视口的行数和列数,而右边两个文本框分别用于输入视口的行距和列距。在"创建布局-定义视口"对话框中选中"单个",单击"下一步"按钮继续设置。

(7) 在弹出的"创建布局-拾取位置"对话框中可以指定视口的大小和位置,如图 2.57 所示。单击"选择位置"按钮,系统将暂时关闭该对话框,返回到图形窗口,从中指定视口大小和位置后,单击"下一步"按钮,即可出现"创建布局-完成"对话框,如图 2.58 所示。

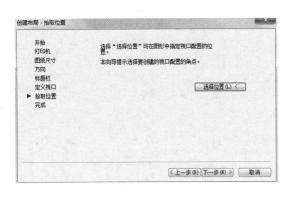

图 2.57　"创建布局-拾取位置"对话框

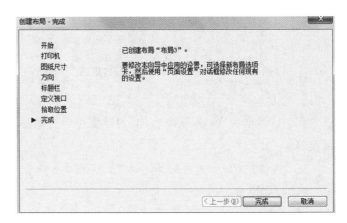

图 2.58　"创建布局-完成"对话框

2.6.3　使用样板布局

布局样板是一类包含了特定图纸尺寸、标题栏和浮动视口的文件,利用布局样板可快速创建标准布局图,布局样板文件的扩展名为.dwt。AutoCAD 2010 提供了众多布局样板,存放在 C:\Program files\AutoCAD 2010\Template 文件夹中。

通常情况下,布局样板大都包含了规范的标题栏,因此,在使用布局样板创建标准布局图后,只需简单地修改标题块属性,即可获得符合标准的图纸。

图 2.59　"布局"的右键菜单

启动"来自样板的布局"命令有以下三种方法。

(1) 菜单栏:选择"插入→布局→来自样板的布局"命令。

(2) 工具栏:选择"来自样板的布局"按钮 。

(3) "布局"选项卡:右键单击"布局"选项卡,在弹出的快捷菜单中选择"布局→来自样板"命令,如图 2.59 所示。

使用样板布局的操作步骤如下。

选择"来自样板的布局"命令,即可弹出如图 2.60 所示的对话框。在"从文件选择样板"对话框中选择"Gb_a3 - Named Plot Styles"样板文件,单击"打开"按钮。

在弹出的"插入布局"对话框的布局名称列表中选择布局样板,单击"确定"按钮,如图 2.61 所示,打开新创建的布局图。

单击"Gb A3 标题栏"选项卡,即可查看到使用的样板布局效果,如图 2.62 所示。

图 2.60 "从文件选择样板"对话框

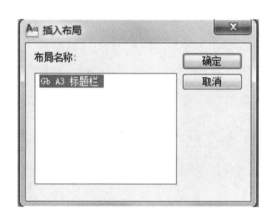

图 2.61 "插入布局"对话框

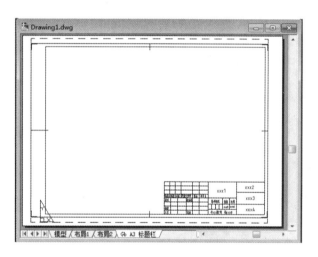

图 2.62 插入的布局图

本 章 小 结

　　本章系统介绍了 AutoCAD 2010 在建筑图绘制中常用的基本功能与操作。通过本章的学习,读者可以对 AutoCAD 2010 的绘图操作有一个全面的认识,并能掌握绘制 AutoCAD 2010 图形的基本方法,为后续章节的制图学习打下基础。

第3章

AutoCAD图形的绘制

AutoCAD TUXING DE HUIZHI

★ 学前指导

理论知识：学会绘制基本二维图形,点、线、圆等,能进行特殊点的捕捉。

重点知识：学会绘制基本二维图形,点、线、圆等。

难点知识：平面图形的绘制。

在 AutoCAD 2010 中,可以绘制点、直线、圆、圆弧、多边形等简单的二维图形。绘图是 AutoCAD 的主要功能,也是其最基本的功能,绘制二维平面图形是 AutoCAD 的绘图基础。只有熟练掌握二维平面图形的绘制方法与技巧,才能更好地绘制出复杂的图形。

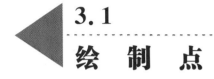

3.1 绘 制 点

3.1.1 点样式的设置

在菜单栏中选择"格式→点样式"命令,在弹出的"点样式"对话框中可以选择点的样式,绘制的点就会以当前选择的点样式进行显示,如图 3.1 所示。

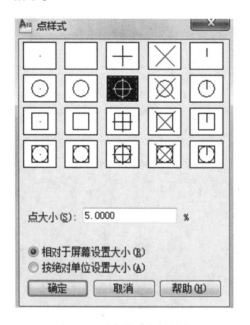

图 3.1 "点样式"对话框

在"点样式"对话框中有二十种点样式可供选择,还可以设置点大小,"相对于屏幕设置大小"是指按屏幕尺寸的百分比设置大小,"按绝对单位设置大小"是指按"点大小"文本框中指定的实际单位设置点显示的大小。

3.1.2　单点、多点的绘制

1. 单点的绘制

"单点"命令用于绘制单个点对象。执行此命令后,单击或输入点的坐标,即可绘制单个点,然后系统自动会结束命令。

绘制单点主要有以下三种方法。

(1) 菜单栏:选择"绘图→点→单点"命令,如图 3.2 所示。

(2) 工具栏:单击"点"按钮 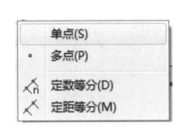 。

(3) 命令行:输入"Point"或"PO"命令,并按 Enter 键。

绘制单点如图 3.3 所示。

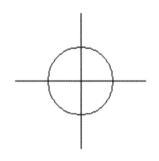

图 3.2 　"点"子菜单　　　　　　　　　　　图 3.3 　绘制单点

2. 多点的绘制

多点的绘制主要有以下两种方法。

(1) 菜单栏:选择"绘图→点→多点"命令。

(2) 工具栏:单击"多点"按钮 。

"多点"命令可以连续地绘制多个点对象,直至按下 Esc 键为止。

3.1.3　定数等分点的绘制

"定数等分"命令指沿对象的长度或周长按照指定的等分数目进行等分,并在等分点处放置点标记符号。

执行"定数等分"命令主要有以下两种方法。

(1) 菜单栏:选择"绘画→点→定数等分"命令。

(2) 命令行:输入"Divide"或"DIV"命令,并按 Enter 键。

实例:通过某线段执行"定数等分"命令来学习定数等分点的绘制。

操作步骤如下:

(1) 绘制一条单位为 100 单位的水平线段;

（2）在菜单栏的"绘图→点样式"中设置点样式；

（3）在菜单栏中选择"绘图→点→定数等分"命令。

根据 AutoCAD 命令行的提示，具体如下。

```
命令：divide
选择要定数等分的对象：        //单击刚绘制的线段
输入线段数目或［块(B)］：      //3 Enter
```

等分结果如图 3.4 所示。

图 3.4　定数等分结果

对象被等分以后，并没有在等分点处断开，而是在等分点处放置了点的标记符号。

3.1.4　定距等分点的绘制

"定距等分"命令指沿对象的长度或周长按照指定的等分间距进行等分，并在等分点处放置点标记符号。

定距等分点的绘制主要有以下两种方式。

（1）菜单栏：选择"绘图→点→定距等分"命令。

（2）命令行：输入"Measure"或"ME"命令，并按 Enter 键。

实例：通过某线段执行"定距等分"命令来学习定距等分点的绘制。

操作步骤如下：

（1）绘制一条长度为 100 单位的水平线段；

（2）在菜单栏的"绘图→点样式"中设置点样式；

（3）在菜单栏中选择"绘图→点→定距等分"命令。

根据 AutoCAD 命令行的提示，具体如下。

```
命令：measure
选择要定距等分的对象：        //单击刚绘制的线段
输入线段数目或［块(B)］：      //25 Enter
```

等分结果如图 3.5 所示。

图 3.5　定距等分结果

在选择等分对象时，鼠标单击的位置即是对象等分的起始位置。

3.2
绘 制 线

3.2.1 直线的绘制

"直线"命令常用于绘制闭合或非闭合图线。启动"直线"命令主要有以下三种方式。

(1) 菜单栏:选择"绘图→直线"命令。

(2) 工具栏:单击"线"按钮 。

(3) 命令行:输入"Line"或"L"命令,并按 Enter 键。

执行该命令后,AutoCAD 命令行将出现如下提示。

> 命令:_line 指定第一点:(输入直线段的起点,用鼠标指定点或给定点的坐标)
>
> 指定下一点或［放弃(U)］:(输入线段的端点,也可以用鼠标指定一定角度后,直接输入直线段的长度)
>
> 指定下一点或［放弃(U)］:(输入下一直线段的端点,或输入选项 U)
>
> 指定下一点或［放弃(U)］:(表示放弃前面的输入;右击或按 Enter 键,结束命令)
>
> 指定下一点或［闭合(C)/放弃(U)］:(输入下一直线段的端点,或输入选项 C 使图形闭合,结束命令)

3.2.2 射线的绘制

射线是一端固定而另一端无限延伸的直线。启动"射线"命令主要有以下两种方式。

(1) 菜单栏:选择"绘图→射线"命令。

(2) 命令行:输入"Ray"命令,并按 Enter 键。

执行该命令后,AutoCAD 命令行将出现如下提示。

> 命令:_ray
>
> 指定起点:(输入射线的起点,用鼠标指定点或给定点的坐标)
>
> 指定通过点:(指定一个或多个通过点,绘制以起点为端点的射线)

3.2.3 构造线的绘制

构造线为两端可以无限延伸的直线,没有起点和终点。在 AutoCAD 2010 中,构造线主要被当作辅助线来使用,单独使用"构造线"命令不能绘制任何图形。

1. 启动"构造线"命令

启动"构造线"命令主要有以下三种方式。

(1) 菜单栏:选择"绘图→构造线"命令。

(2) 工具栏:单击"构造线"按钮 ✎。

(3) 命令行:输入"Xline"或"XL"命令,按 Enter 键。

执行该命令后,AutoCAD 命令行将出现如下提示。

```
命令: xline
指定点或[水平(H)/垂直(V)/角度(A)/二等分(B)/偏移(O)]:(在绘图区拾取一点)
指定通过点:(绘制水平构造线)
指定通过点:(绘制垂直构造线)
指定通过点:(绘制角度构造线)
指定通过点:(绘制二等分构造线)
指定通过点:(绘制偏移构造线)
指定通过点:(Enter,结束命令)
```

2. 选项说明

(1) 水平选项:用于绘制水平构造线。激活该选项后,系统将定位出水平方向矢量,用户只需要指定通过点就可以绘制水平构造线。

(2) 垂直选项:用于绘制垂直构造线。激活该选项后,系统将定位出垂直方向矢量,用户只需要指定通过点就可以绘制垂直构造线。

(3) 角度选项:用于绘制具有一定角度的倾斜构造线。

(4) 二等分选项:用于在角的二等分位置上绘制构造线,如图 3.6 所示。

(5) 偏移选项:用于绘制与所选直线平行的构造线,如图 3.7 所示。

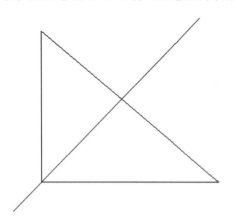

图 3.6 以二等分方式绘制构造线

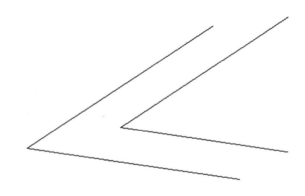

图 3.7 以偏移方式绘制平行构造线

3.2.4 二维多段线的绘制

"多段线"命令用于绘制一系列首尾相连可改变宽度的直线和圆弧组成的对象,它作为一个整体对象而存在。

1. 启动"多段线"命令

启动"多段线"命令主要有以下三种方式。

(1) 菜单栏:选择"绘图→多段线"命令。

(2) 工具栏:单击"多段线"按钮 ⌐⊃ 。

(3) 命令行:输入"Pline"或"PL",按 Enter 键。

执行该命令后,AutoCAD 命令行将出现如下提示。

```
命令: _pline
指定起点:(在绘图区拾取一点)
当前线宽为 0.0000
指定下一个点或 [圆弧(A) /半宽(H) /长度(L) /放弃(U) /宽度(W)]:
```

2. 选项说明

(1) 圆弧选项:用于将当前多段线模式切换为绘制弧线模式,以绘制由弧线组合而成的多段线。其命令行提示如下。

```
指定圆弧的端点或
[角度(A) /圆心(CE) /闭合(CL) /方向(D) /半宽(H) /直线(L) /半径(R) /第二个点(S) /放弃(U) /宽度
(W)]:
```

次级选项说明:

角度选项:用于指定要绘制圆弧的圆心角。

圆心选项:用于指定圆弧的圆心。

闭合选项:用于用弧线封闭多段线。

方向选项:用于取消直线与圆弧的相切关系,改变圆弧的起始方向。

半宽选项:用于指定圆弧的半宽值。激活此选项后,系统将提示用户输入多段线的起点半宽值和终点半宽值。

直线选项:用于切换直线模式。

半径选项:用于指定圆弧半径。

宽度选项:用于设置弧线的宽度值。

(2) 半宽选项:用于设置多段线的半宽。

(3) 长度选项:用于定义下一段多段线的长度。

(4) 放弃选项:删除最近一次添加到多段线上的线段。

(5) 宽度选项:用于设置多段线的起始宽度值。起始点的宽度值可以相同也可以不同。

绘制多段线如图 3.8 所示。

3.2.5 云线的绘制与修订

"修订云线"命令用于创建由连续圆弧组成的多段线。修订云线可以从头开始创建,也可以将一些对象(例如圆、椭圆、多段线或样条曲线)转换为修订云线。在检查或用红线圈阅图形时,可以使用修订云线功能亮显标

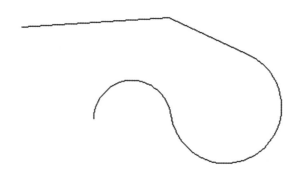

图 3.8　绘制多段线

记以提高工作效率。

1. 启动"修订云线"命令

启动"修订云线"命令主要有以下三种方式。

(1) 菜单栏:选择"绘图→修订云线"命令。

(2) 工具栏:单击"修订云线"按钮 ⬚ 。

(3) 命令行:输入"Revcloud"命令,并按 Enter 键。

执行该命令后,AutoCAD 命令行将出现如下提示。

命令：_revcloud

最小弧长：0.5　最大弧长：0.5　样式：普通

指定起点或［弧长(A)/对象(O)/样式(S)］〈对象〉:(在绘图区拾取一点拖动鼠标绘制云线)

沿云线路径引导十字光标...　　(移动十字光标,系统自动按移动路经生成云状曲线)

修订云线完成。　　　　(当十字光标移至起点位置处,系统自动闭合云线)

2. 选项说明

(1) 弧长选项:指定云线中弧线的长度。默认的弧长最小值和最大值设定为 0.5000 个单位。弧长的最大值不能超过最小值的 3 倍。

(2) 对象选项:指定需要转换云线的图形。

(3) 样式选项:指定以普通或手绘的方式绘制圆弧。激活此选项,得到以下提示。

选择圆弧样式［普通(N)/手绘(C)］〈普通〉:

在绘制修订云线时,鼠标移动速度越快,弧线就越长;速度越慢,弧线就越短,移动光标的速度会直接影响弧线的长度。

3. 创建云线

创建云线的步骤如下。

启动"修订云线"命令,执行该命令后,AutoCAD 命令行将出现如下提示。

命令：_revcloud

最小弧长：0.5　最大弧长：0.5　样式：普通

指定起点或［弧长(A)/对象(O)/样式(S)］〈对象〉: a

指定最小弧长〈0.5〉: 30 ↙
指定最大弧长〈0.5〉: 60 ↙
指定起点或［弧长(A)/对象(O)/样式(S)]〈对象〉:
沿云线路径引导十字光标...

图 3.9 所示为创建的云线。

图 3.9　创建云线

4. 修改云线

通过"修订云线"命令将圆转换为云线,步骤如下。

绘制半径为 100 单位的圆。

选择"修订云线"命令,执行该命令后,AutoCAD 命令行将出现如下提示。

命令: _revcloud
最小弧长: 0.5　最大弧长: 0.5　样式: 普通
指定起点或［弧长(A)/对象(O)/样式(S)]〈对象〉: o
选择对象:
反转方向［是(Y)/否(N)]〈否〉: n
修订云线完成。

图 3.10 所示为修改云线。

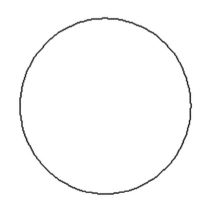

图 3.10　修改云线

3.2.6 样条曲线的绘制

"样条曲线"命令是绘制经过一系列给定点的拟合而成的光滑曲线。

1. 启动"样条曲线"命令

启动"样条曲线"命令主要有以下三种方式。

(1) 菜单栏:选择"绘图→样条曲线"命令。

(2) 工具栏:单击"样条曲线"按钮 。

(3) 命令行:输入"Spline"或"SP"命令,并按 Enter 键。

执行该命令后,AutoCAD 命令行将出现如下提示。

```
命令:_spline
指定第一个点或［对象(O)］:(在绘图区拾取一点)
指定下一点:(在绘图区拾取第二点)
指定下一点或［闭合(C)/拟合公差(F)］〈起点切向〉:(在绘图区拾取第三点)
指定下一点或［闭合(C)/拟合公差(F)］〈起点切向〉:(在绘图区拾取第四点)
指定下一点或［闭合(C)/拟合公差(F)］〈起点切向〉:(Enter,退出绘制模式)
指定起点切向:(Enter,退出起点切向)
指定端点切向:(Enter,退出端点切向)
```

2. 选项说明

(1) 对象选项:将二维或三维的二次或三次样条曲线的拟合多段线转换为等价的样条曲线,然后删除该拟合多段线。

(2) 闭合选项:将最后一点定义为与第一点一致,并使它在连接处与样条曲线相切,这样可以闭合样条曲线。

(3) 拟合公差选项:修改当前样条曲线的拟合公差,根据新的拟合公差,以现有点重新定义样条曲线,拟合公差表示样条曲线拟合时所指定的拟合点集的拟合精度,拟合公差越小,样条曲线与拟合点越接近。公差为 0 时,样条曲线将通过该点,输入大于 0 的拟合公差时,将使样条曲线在指定公差范围内通过拟合点,在绘制样条曲线时,可以通过改变样条曲线的拟合公差以查看效果。

(4) 起点切向选项:定义样条曲线的起点和终点的切向。

图 3.11 所示为绘制样条曲线。

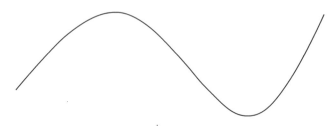

图 3.11 绘制样条曲线

3.2.7 多线的绘制

"多线"命令用于绘制两条或两条以上的平行线构成的复合线对象。默认设置下,多线由两条平行线组成,平行线间的距离为 20 个单位。

1. 启动"多线"命令

启动"多线"命令主要有以下两种方式。

(1) 菜单栏:选择"绘图→多线"命令。

(2) 命令行:输入"Mline"或"ML",并按 Enter 键。

执行该命令后,AutoCAD 命令行将出现如下提示。

```
命令: mline
当前设置: 对正 = 上,比例 = 20.00,样式 = STANDARD
指定起点或 [对正(J)/比例(S)/样式(ST)]:
```

2. 选项说明

(1) 对正选项:用于设置多线的对正方式,AutoCAD 提供了三种对正方式,即"上""无"和"下"。"上"表示以多线上侧的线为基准;"无"表示以多线的中心为基准;"下"表示以多线下侧的线为基准。

(2) 比例选项:用于设置多线的比例,即多线宽度。

(3) 样式选项:用于设置多线的样式,默认为标准型。

3.2.8 创建多线样式

创建多线样式:输入"Mlstyle"命令,并按 Enter 键。执行此命令,即可弹出"多线样式"对话框(见图 3.12),用户可以对多线样式进行定义、保存和加载等操作。

图 3.12 "多线样式"对话框

3.2.9 徒手绘图

"徒手绘图"命令用于创建不规则边界或使用数字化仪追踪绘图。在命令运行期间,徒手画线以另一种颜色显示。

1. 徒手绘图方式

命令行:输入"Sketch"命令,并按 Enter 键。

执行该命令后,AutoCAD 命令行将出现如下提示。

> 命令:sketch
>
> 记录增量〈20.0000〉:100
>
> 徒手画. 画笔(P)/退出(X)/结束(Q)/记录(R)/删除(E)/连接(C)。〈笔 落〉〈笔 提〉
>
> 已记录 48 条直线。
>
> 记录增量:表示影响图形基本线段的长短。

2. 选项说明

(1)画笔选项:用户可移动鼠标绘制图形。如果要停止绘制,则再次单击鼠标左键。如果要继续绘图,则再次单击鼠标左键,重复上述操作。

(2)退出选项:记录及报告临时徒手画线段数并结束命令。

(3)结束选项:放弃从开始调用"Sketch"命令或上一次使用"记录"选项时所有尚未永久保存的临时徒手画线段,并结束命令。

(4)记录选项:永久保存临时线段且不改变画笔的位置。命令行将提示报告记录的直线数量。

(5)删除选项:删除尚未永久保存的临时线段的一部分或所有部分。

(6)连接选项:随手绘图将自动落笔,用户将光标移动到上次线段的结束端点,继续画线。

3.3
绘 制 矩 形

矩形命令用于创建四条直线围成的闭合图形。

1. 启动"矩形"命令

启动"矩形"命令主要有以下三种方式。

(1)菜单栏:选择"绘图→矩形"命令。

(2)工具栏:单击"矩形"按钮 ▢ 。

(3)命令行:输入"Rectang"或"REC",并按 Enter 键。

执行该命令后,AutoCAD 命令行将出现如下提示。

> 命令: rectang
>
> 指定第一个角点或 [倒角(C) /标高(E) /圆角(F) /厚度(T) /宽度(W)]:
>
> 指定另一个角点或 [面积(A) /尺寸(D) /旋转(R)]:

默认情况下,通过指定两个点作为矩形的对角点来绘制矩形。

2. 选项说明

(1) 倒角选项:用于绘制具有一定倒角特征的矩形。

(2) 标高选项:用于设置矩形在三维空间内的基面高度,即距离当前坐标系的 XOY 坐标平面的高度,矩形的标高值可以通过"特性"命令进行设置。

(3) 圆角选项:用于绘制圆角矩形。

(4) 厚度选项:用于设置矩形的厚度。

(5) 宽度选项:用于设置矩形的宽度。

(6) 面积选项:通过指定面积和长或宽来创建矩形。

(7) 尺寸选项:用于直接输入矩形的长度和宽度尺寸,绘制矩形。

(8) 旋转选项:旋转所绘制矩形的角度。

3.3.1 直角矩形绘制

选择"矩形"命令,执行该命令后 AutoCAD 命令行将出现如下提示。

> 命令: _rectang
>
> 指定第一个角点或 [倒角(C) /标高(E) /圆角(F) /厚度(T) /宽度(W)]:(在绘图区拾取一点)
>
> 指定另一个角点或 [面积(A) /尺寸(D) /旋转(R)]: d(选取尺寸选项)
>
> 指定矩形的长度〈300.0000〉:80(输入矩形长度值)
>
> 指定矩形的宽度〈100.0000〉:40(输入矩形宽度值)
>
> 指定另一个角点或 [面积(A) /尺寸(D) /旋转(R)]:(在绘图区指定另一角点即可创建一个直角矩形)

3.3.2 倒角矩形绘制

选择"矩形"命令,执行该命令后 AutoCAD 命令行将出现如下提示。

> 命令: _rectang
>
> 指定第一个角点或 [倒角(C) /标高(E) /圆角(F) /厚度(T) /宽度(W)]: c(选取倒角选项)
>
> 指定矩形的第一个倒角距离〈0.0000〉:30(输入第一个倒角距离)
>
> 指定矩形的第二个倒角距离〈30.0000〉:20(输入第二个倒角距离)
>
> 指定第一个角点或 [倒角(C) /标高(E) /圆角(F) /厚度(T) /宽度(W)]:(在绘图区拾取一点)
>
> 指定另一个角点或 [面积(A) /尺寸(D) /旋转(R)]:(在绘图区指定另一角点即可创建一个倒角矩形)

图 3.13 所示为绘制的倒角矩形。

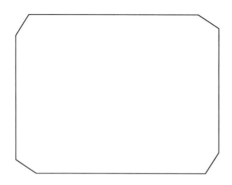

图 3.13　绘制倒角矩形

3.3.3　圆角矩形绘制

选择"矩形"命令,执行该命令后 AutoCAD 命令行将出现如下提示。

```
命令: _rectang
指定第一个角点或 [倒角(C)/标高(E)/圆角(F)/厚度(T)/宽度(W)]: f(选取圆角选项)
指定矩形的圆角半径〈0.0000〉: 50(输入圆角半径)
指定第一个角点或 [倒角(C)/标高(E)/圆角(F)/厚度(T)/宽度(W)]: (在绘图区拾取一点)
指定另一个角点或 [面积(A)/尺寸(D)/旋转(R)]: (在绘图区指定另一角点即可创建一个圆角矩形)
```

图 3.14 所示为绘制的圆角矩形。

图 3.14　绘制圆角矩形

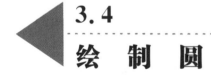

3.4

绘　制　圆

圆是 AutoCAD 制图中使用频率非常高的图形对象。

1. 启动"圆"命令

启动"圆"命令主要有以下三种方式。

(1) 菜单栏:选择"绘图→圆"命令,可弹出六种绘制方式,如图 3.15 所示。

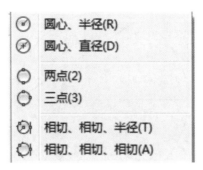

图 3.15　绘制圆的子菜单

(2) 工具栏:单击"圆"按钮 ⊘。

(3) 命令行:输入"Circle"或"C",并按 Enter 键。

执行该命令后,AutoCAD 命令行将出现如下提示。

> 命令:_circle 指定圆的圆心或[三点(3P)/两点(2P)/切点、切点、半径(T)]:
>
> 指定圆的半径或[直径(D)]:

圆心、半径方式为系统默认方式。当用户指定圆心后,直接输入圆的半径,即可精确画圆;另外,圆心、直径方式是通过输入圆的直径参数进行精确画图的。

2. 选项说明

(1) 三点选项:用于指定圆周上的任意三个点,进行精确画图。

(2) 两点选项:用于指定圆直径的两个端点,进行精确画图。

(3) 切点、切点、半径选项:按先指定两个相切对象,后给出半径的方法画圆。

3.4.1　"圆心、半径"绘制方法

选择"圆"命令,执行该命令后,AutoCAD 命令行将出现如下提示。

> 命令:_circle 指定圆的圆心或[三点(3P)/两点(2P)/切点、切点、半径(T)]:(在绘图区拾取一点)
>
> 指定圆的半径或[直径(D)]:100(输入半径值)

3.4.2　"圆心、直径"绘制方法

选择"圆"命令,执行该命令后,AutoCAD 命令行将出现如下提示。

> 命令:_circle 指定圆的圆心或[三点(3P)/两点(2P)/切点、切点、半径(T)]:(在绘图区拾取一点)
>
> 指定圆的半径或[直径(D)]〈100.0000〉:d 指定圆的直径〈200.0000〉:200(输入直径值)

图 3.16 所示为"圆心、直径"绘制的圆。

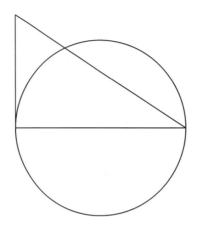

图 3.16 "圆心、直径"绘制圆

3.4.3 "两点"绘制方法

选择"圆"命令,执行该命令后,AutoCAD 命令行将出现如下提示。

命令:_circle 指定圆的圆心或 [三点(3P) /两点(2P) /切点、切点、半径(T)]:2p 指定圆直径的第一个端点:
指定圆直径的第二个端点:

3.4.4 "三点"绘制方法

选择"圆"命令,执行该命令后,AutoCAD 命令行将出现如下提示。

命令:_circle 指定圆的圆心或 [三点(3P) /两点(2P) /切点、切点、半径(T)]:3p 指定圆上的第一个点:
指定圆上的第二个点:
指定圆上的第三个点:

图 3.17 所示为"三点"绘制的圆。

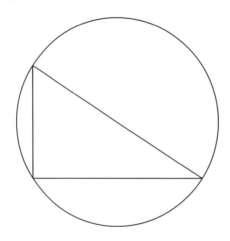

图 3.17 "三点"绘制圆

3.4.5 "相切、相切、半径"绘制方法

选择"圆"命令,执行该命令后,AutoCAD命令行将出现如下提示。

命令: _circle 指定圆的圆心或 [三点(3P)/两点(2P)/切点、切点、半径(T)]: t

指定对象与圆的第一个切点:

指定对象与圆的第二个切点:

指定圆的半径〈4.0000〉: 10

图3.18所示为"相切、相切、半径"绘制的圆。

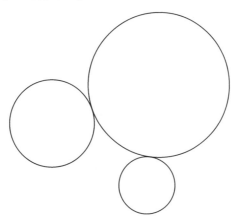

图3.18 "相切、相切、半径"绘制圆

3.4.6 "相切、相切、相切"绘制方法

单击菜单栏中"绘图→圆→相切"命令 〔 相切、相切、相切(A) 〕,执行该命令后,AutoCAD命令行将出现如下提示。

命令: _circle 指定圆的圆心或 [三点(3P)/两点(2P)/切点、切点、半径(T)]: _3p 指定圆上的第一个点: _tan 到

指定圆上的第二个点: _tan 到

指定圆上的第三个点: _tan 到

图3.19所示为"相切、相切、相切"绘制的圆。

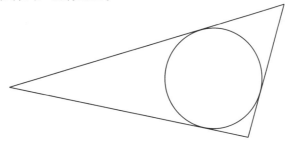

图3.19 "相切、相切、相切"绘制圆

3.5

绘 制 圆 弧

　　"圆弧"命令是通过指定圆弧所在的椭圆对象、起始角度、终止角度来绘制弧形曲线的工具。启动"圆弧"命令主要有以下三种方式。

　　(1) 菜单栏:选择"绘图→圆弧"命令,即可弹出圆弧子菜单,如图 3.20 所示。

图 3.20　圆弧子菜单

　　(2) 工具栏:单击"圆弧"按钮 。

　　(3) 命令行:输入"Arc"或"A"命令,并按 Enter 键。

　　执行该命令后,AutoCAD 命令行将出现如下提示。

　　命令: _arc 指定圆弧的起点或 [圆心(C)]:(在绘图区拾取一点确定为圆弧的起点)
　　指定圆弧的第二个点或 [圆心(C)/端点(E)]:(指定圆弧的第二个点)
　　指定圆弧的端点:(在绘图区单击指定确定圆弧的终点)

3.5.1 "三点"方式画圆弧

　　"三点"方式画圆弧是通过指定圆弧的起点、弧上一点和圆弧的终点来绘制圆弧。圆弧的方向由定义点的输入顺序和位置决定。

　　选择"圆弧"命令,默认设置下的绘制圆弧方式为三点方式。执行该命令后,AutoCAD 命令行将出现如下提示。

　　命令: _arc 指定圆弧的起点或 [圆心(C)]:
　　指定圆弧的第二个点或 [圆心(C)/端点(E)]:
　　指定圆弧的端点:

最终结果如图 3.21 所示。

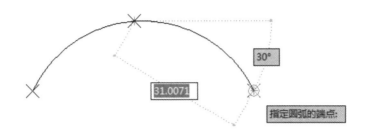

图 3.21 "三点"方式画圆弧

3.5.2 "起点、圆心、端点"方式画圆弧

"起点、圆心、端点"方式是通过先指定圆弧的圆心,再指定起点和终点的画圆弧方式。默认情况下以逆时针方向绘制圆弧。

选择菜单栏中的"绘图→圆弧→ 起点、圆心、端点"圆弧命令 `起点、圆心、端点(S)`,执行该命令后,AutoCAD 命令行将出现如下提示。

命令: _arc 指定圆弧的起点或 [圆心(C)]:
指定圆弧的第二个点或 [圆心(C)/端点(E)]: _c 指定圆弧的圆心:
指定圆弧的端点或 [角度(A)/弦长(L)]:

最终结果如图 3.22 所示。

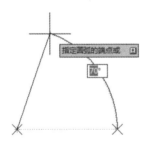

图 3.22 "起点、圆心、端点"方式画圆弧

3.5.3 "起点、圆心、角度"方式画圆弧

"起点、圆心、角度"方式是通过先指定圆弧的起点和圆心,再指定起点和圆心之间所包含的角度来画圆弧的。对于圆心角,当圆心角为正值时,系统沿逆时针方向绘制圆弧;反之,则沿顺时针方向绘制圆弧。

选择菜单栏中的"绘图→圆弧→起点、圆心、角度"圆弧命令 `起点、圆心、长度(A)`,执行该命令后,AutoCAD 命令行将出现如下提示。

命令：a ARC 指定圆弧的起点或［圆心(C)］：

指定圆弧的第二个点或［圆心(C)/端点(E)］：c

指定圆弧的圆心：

指定圆弧的端点或［角度(A)/弦长(L)］：a

指定包含角：120

最终结果如图 3.23 所示。

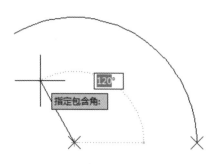

图 3.23 "起点、圆心、角度"方式画圆弧

3.5.4 "起点、圆心、长度"方式画圆弧

"起点、圆心、长度"方式是通过先指定圆弧的起点和圆心,再指定起点和圆心之间弦的长度来画圆弧的。当输入的弦长为正值时,表示从圆弧起点开始顺时针方向画弧;反之,则沿逆时针方向画弧。

选择菜单栏中的"绘图→圆弧→起点、圆心、长度"命令 <u>起点、端点、角度(N)</u> ,执行该命令后,Auto-CAD 命令行将出现如下提示。

命令：_arc 指定圆弧的起点或［圆心(C)］：

指定圆弧的第二个点或［圆心(C)/端点(E)］：_c 指定圆弧的圆心：

指定圆弧的端点或［角度(A)/弦长(L)］：_l 指定弦长：40

最终结果如图 3.24 所示。

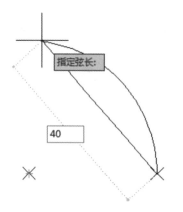

图 3.24 "起点、圆心、长度"方式画圆弧

3.5.5 "起点、端点、角度"方式画圆弧

"起点、端点、角度"方式是通过先指定圆弧的起点和端点,再指定起点和端点之间所包含的角度来画圆弧的。

启动菜单栏的"绘图→圆弧→起点、端点、角度"圆弧命令 起点、端点、角度(N) ,执行该命令后,Auto-CAD 命令行将出现如下提示。

命令:_arc 指定圆弧的起点或 [圆心(C)]:
指定圆弧的第二个点或 [圆心(C)/端点(E)]:_e
指定圆弧的端点:
指定圆弧的圆心或 [角度(A)/方向(D)/半径(R)]:_a 指定包含角:50

最终结果如图 3.25 所示。

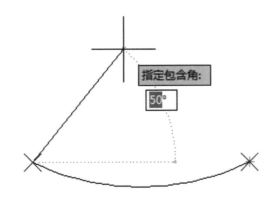

图 3.25 "起点、端点、角度"方式画圆弧

3.5.6 "起点、端点、半径"方式画圆弧

"起点、端点、半径"方式是通过先指定圆弧的起点和端点,再指定圆弧的半径来画圆弧的。

启动菜单栏的"绘图→圆弧→起点、端点、半径"圆弧命令 起点、端点、半径(R) ,执行该命令后,Auto-CAD 命令行将出现如下提示。

命令:_arc 指定圆弧的起点或 [圆心(C)]:
指定圆弧的第二个点或 [圆心(C)/端点(E)]:_e
指定圆弧的端点:
指定圆弧的圆心或 [角度(A)/方向(D)/半径(R)]:_r 指定圆弧的半径:570

最终结果如图 3.26 所示。

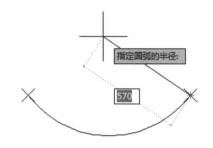

图 3.26 "起点、端点、半径"方式画圆弧

3.5.7 圆弧的其他绘制方法

其他绘制圆弧的方法基本上与上述六种方法相同。此外还有一个"继续"命令 ![继续(O)] ，此命令表示所指定圆弧的起点与前一次对象的终点重合，圆弧起点的切线方向为前一个对象终点的切线方向，系统提示确定圆弧终点位置，这种方法其实是"起点、端点、方向"方法的变形。

选择菜单栏中的"绘图→圆弧→继续"命令，执行该命令后，AutoCAD命令行将出现如下提示。

```
命令：_arc 指定圆弧的起点或[圆心(C)]：
指定圆弧的端点：
```

最终结果如图3.27所示。

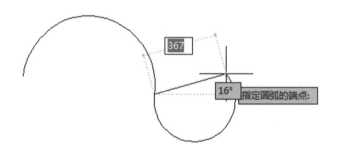

图 3.27 "继续"方式绘制圆弧

3.6
绘制圆环和实心圆

圆环是填充环或肢体填充圆,带有宽度的闭合多段线。启动"圆环"命令主要有以下两种方式。

(1) 菜单栏:选择"绘图→圆环"命令 ◎ 。

(2) 命令行:输入"Donut"命令,并按 Enter 键。

执行该命令后,AutoCAD 命令行将出现如下提示。

命令: _donut

指定圆环的内径〈0.5000〉:(输入圆环的内径值)

指定圆环的外径〈1.0000〉:(输入圆环的外径值)

指定圆环的中心点或〈退出〉:(指定圆环中心点)

指定圆环的中心点或〈退出〉:(继续指定圆环的中心点绘制具有相同内外径的圆环,或按 Enter 键、空格键或右键单击来结束命令)

绘制圆环时,输入的外径值必须大于内径值。

3.6.1 圆环的绘制

选择菜单栏中的"绘图→圆环"命令,执行该命令后,AutoCAD 命令行将出现如下提示。

命令: _donut

指定圆环的内径〈0.5000〉: 10

指定圆环的外径〈1.0000〉: 20

指定圆环的中心点或〈退出〉:

最终结果如图 3.28 所示。

图 3.28 绘制圆环

3.6.2 实心圆的绘制

选择菜单栏中的"绘图→圆环"命令,执行该命令后,AutoCAD 命令行将出现如下提示。

命令: _donut

指定圆环的内径〈0.5000〉: 0

指定圆环的外径〈1.0000〉: 20

指定圆环的中心点或〈退出〉:

最终结果如图 3.29 所示。

图3.29　绘制实心圆

3.7

绘制正多边形

"正多边形"命令是用于创建具有3～1024条等边闭合多段线的。它是绘制正方形、等边三角形、等边五边形等的简单方法。

1．启动正多边形

启动"正多边形"命令主要有以下三种方式。

（1）菜单栏：选择"绘图→正多边形"命令。

（2）工具栏：单击"正多边形"按钮 ⬠ 。

（3）命令行：输入"Polygon"或"POL"，并按Enter键。

执行该命令后，AutoCAD命令行将出现如下提示。

命令：_polygon 输入边的数目〈4〉:（设置正多边形的变边数，默认值为4）
指定正多边形的中心点或 [边(E)]:（在绘图区拾取一点为中心点）
输入选项 [内接于圆(I) /外切于圆(C)]〈I〉:（选择内接于圆或外切于圆的绘图方式）
指定圆的半径:（输入圆的半径值）

2．选项说明

（1）边选项：指定两个点确定边长来绘制正多边形。

（2）中心点选项：拾取一点作为正多边形的中心点来绘制正多边形。

（3）内接于圆选项：绘制的多边形将内接于圆。

（4）外切于圆选项：表绘制的多边形外切于圆。

（5）半径选项：在绘图区任意位置指定圆的半径，或者输入半径值。

3.7.1　用内接法绘制正多边形

用内接法绘制正五边形，步骤如下。

绘制半径为 100 单位的圆。

选择"正多边形"命令,执行该命令后,AutoCAD 命令行将出现如下提示。

命令: _polygon 输入边的数目〈5〉: 5

指定正多边形的中心点或［边(E)］:

输入选项［内接于圆(I)／外切于圆(C)］〈I〉: i

指定圆的半径: 100(指定圆的半径值)

最终结果如图 3.30 所示。

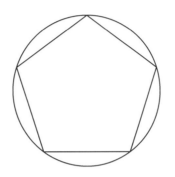

图 3.30 用内接法绘制正五边形

3.7.2 用外切法绘制正多边形

用外切法绘制正五边形,步骤如下。

绘制半径为 100 单位的圆。

选择"正多边形"命令,执行该命令后,AutoCAD 命令行将出现如下提示。

命令: _polygon 输入边的数目〈4〉: 5

指定正多边形的中心点或［边(E)］:

输入选项［内接于圆(I)／外切于圆(C)］〈I〉: c

指定圆的半径: 100

最终结果如图 3.31 所示。

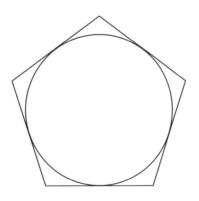

图 3.31 用外切法绘制正五边形

3.7.3 由边长确定正多边形

由边长确定正五边形,步骤如下。

绘制半径为 100 单位的圆。

选择"正多边形"命令,执行该命令后,AutoCAD 命令行将出现如下提示。

命令:_polygon 输入边的数目〈4〉:5

指定正多边形的中心点或 [边(E)]:e 指定边的第一个端点:指定边的第二个端点:

最终结果如图 3.32 所示。

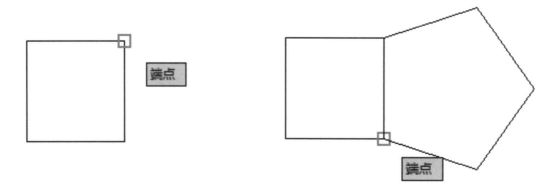

图 3.32　由边长确定正五边形

3.8

绘制椭圆和椭圆弧

"椭圆"命令用于绘制由两条不等的轴所控制的闭合曲线,它主要由中心点、长轴和短轴三个参数来描述。

1. 启动椭圆

启动"椭圆"命令主要有以下三种方式。

(1) 菜单栏:选择"绘图→椭圆"命令,即可弹出"椭圆"子菜单,如图3.33所示。

(2) 工具栏:单击"椭圆"按钮 。

(3) 命令行:输入"Ellipse"或"EL",并按 Enter 键。

执行该命令后,AutoCAD 命令行将出现如下提示。

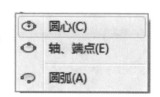

圆心(C)

轴、端点(E)

圆弧(A)

图 3.33　"椭圆"子菜单

命令：_ellipse

指定椭圆的轴端点或［圆弧(A)/中心点(C)］:(指定椭圆某个轴的端点或输入坐标)

指定轴的另一个端点:(指定椭圆某个轴的另一个端点或输入坐标)

指定另一条半轴长度或［旋转(R)］:(从两个端点的中心位置拖动鼠标,并指定一点定义另一轴的半长)

2. 选项说明

(1) 圆弧选项:指定圆弧方式来绘制椭圆。

(2) 中心点选项:拾取一点作为椭圆的中心点来绘制椭圆。

(3) 旋转选项:选择绕椭圆长轴旋转的方式绘制椭圆。

3.8.1 定义两轴绘制椭圆

选择"椭圆"命令,执行该命令后,AutoCAD 命令行将出现如下提示。

命令：_ellipse

指定椭圆的轴端点或［圆弧(A)/中心点(C)］:

指定轴的另一个端点:

指定另一条半轴长度或［旋转(R)］:

最终结果如图 3.34 所示。

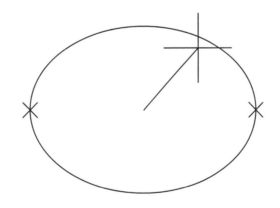

图 3.34 定义两轴绘制椭圆

3.8.2 定义长轴及椭圆转角绘制椭圆

选择"椭圆"命令,执行该命令后,AutoCAD 命令行将出现如下提示。

命令：_ellipse

指定椭圆的轴端点或［圆弧(A)/中心点(C)］:

指定轴的另一个端点:

指定另一条半轴长度或［旋转(R)］:r

指定绕长轴旋转的角度:45

最终结果如图 3.35 所示。

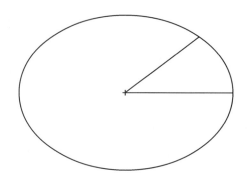

图 3.35　定义长轴及椭圆旋转 45°绘制椭圆

椭圆的形状最终由其绕长轴的旋转角度决定。若旋转角度为 0°,则将画出一个圆;若角度为 45°,将出现一个从视点看上去呈 45°的椭圆。旋转角度的最大值为 89.4°,若大于此值,椭圆看上去将像一条直线。

3.8.3　定义中心点和两轴端点绘制椭圆

选择"椭圆"命令,执行该命令后,AutoCAD 命令行将出现如下提示。

```
命令: _ellipse
指定椭圆的轴端点或 [圆弧(A)/中心点(C)]: c
指定轴的另一个端点:
指定另一条半轴长度或 [旋转(R)]:
```

最终结果如图 3.36 所示。

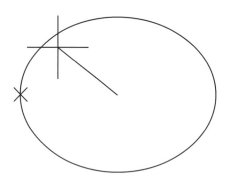

图 3.36　定义中心点和两轴端点绘制椭圆

3.8.4　绘制椭圆弧

选择"椭圆"命令,执行该命令后,AutoCAD 命令行将出现如下提示。

```
命令: _ellipse
指定椭圆的轴端点或 [圆弧(A)/中心点(C)]: a
指定椭圆弧的轴端点或 [中心点(C)]:
```

指定轴的另一个端点：

指定另一条半轴长度或［旋转(R)］：

指定起始角度或［参数(P)］:30 （输入起始角度）

指定终止角度或［参数(P)/包含角度(I)］: 300 （输入终止角度）

最终结果如图 3.37 所示。

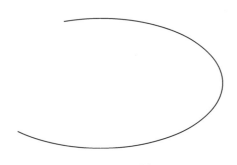

图 3.37 绘制椭圆弧

3.9
典型实例

3.9.1 实例一 洗碗池

通过"矩形"工具及"修剪"工具等命令来学习洗碗池平面图的绘制。操作步骤如下。

单击"绘图"工具"矩形"按钮，根据命令提示。

指定第一个角点或［倒角(C)/标高(E)/圆角(F)/厚度(T)/宽度(W)］:f(输入 f 将矩形模式设定为圆角)

指定矩形的圆角半径〈40.0000〉: 40

指定第一个角点或［倒角(C)/标高(E)/圆角(F)/厚度(T)/宽度(W)］:

指定另一个角点或［面积(A)/尺寸(D)/旋转(R)］: @900,600

图 3.38 所示为绘制的圆角矩形。

重复以上步骤，完成矩形水池的绘制(400 mm×450 mm)，如图 3.39 所示。

根据图 3.40 所示，分别绘制半径为 35 mm、20 mm 的圆，绘制下水口和阀门。

绘制长度为 155 mm、底边为 50 mm、顶边为 20 mm 的梯形，并使用圆角工具，为梯形"圆角"，圆角半径为 5 mm 和 10 mm，绘制水龙头，如图 3.41 所示。

使用"修剪"工具修剪被龙头挡住的水池边线，如图 3.42 所示，完成洗碗池制作。

图 3.38 绘制圆角矩形

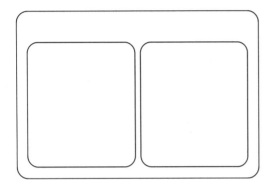

图 3.39 绘制水池

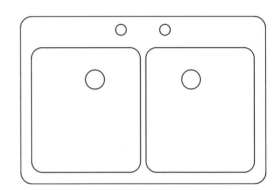

图 3.40 绘制下水口和阀门

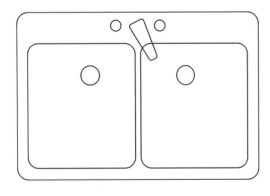

图 3.41 绘制水龙头

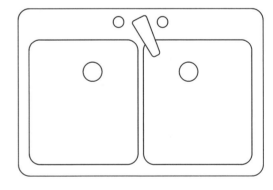

图 3.42 洗碗池

3.9.2 实例二 办公桌

通过"矩形"工具及"圆角"工具等命令来学习办公桌的绘制。操作步骤如下。

单击工具栏上的"矩形"按钮,根据命令行提示,输入坐标值(@2700,80),如图3.43所示。

单击"圆角修改"工具,根据命令行提示,输入半径为 30 mm,对矩形的四个顶点进行圆角操作,如图 3.44 所示。

再次单击"矩形"工具,按住 Ctrl 键,单击右键,在弹出的快捷菜单中选择"中点",捕捉到矩形下边的中点,并输入坐标值(@-1000,-750),如图3.45所示。

使用"镜像修改"工具,以上方矩形的中点为镜像轴线,对新的矩形进行镜像操作,如图3.46所示。

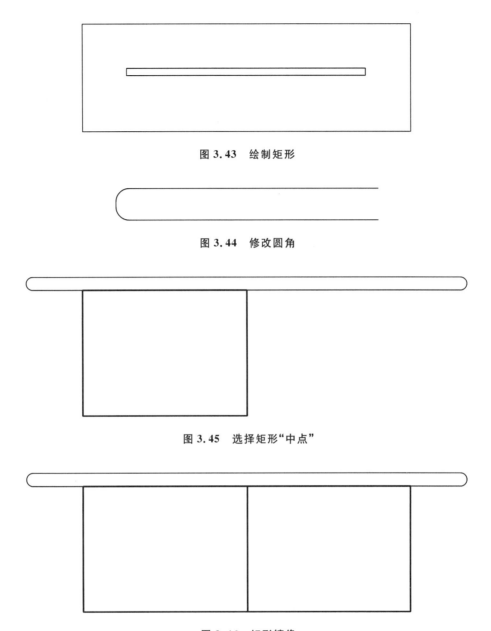

图 3.43　绘制矩形

图 3.44　修改圆角

图 3.45　选择矩形"中点"

图 3.46　矩形镜像

选择"直线"工具,以上方矩形的圆弧起点为捕捉基点,连接右边相应的顶点,如图 3.47 所示。

选择复制工具,根据命令行提示,复制直线到指定位置,完成办公桌的绘制,如图 3.48 所示。

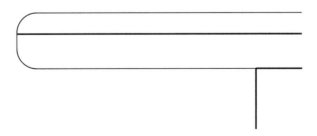

图 3.47　捕捉基点

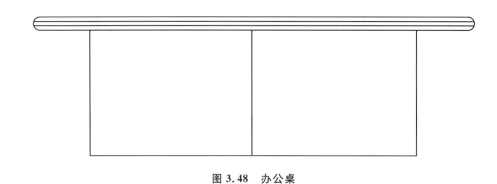

图 3.48　办公桌

3.9.3　实例三　空调

通过"矩形"工具及"镜像"工具命令来学习空调的绘制。操作步骤如下。

单击工具栏中的"矩形"按钮,以绘图区任意一点为起点,绘制一个 800 mm×300 mm 的矩形,并使用"偏移"工具向里偏移 25 mm,如图 3.49 所示。

使用"修改"工具条中的"分解"工具,将里面的矩形分解。

再使用"偏移"工具,将分解的矩形的底边分两次向上偏移 25 mm、50 mm 的距离,将右边向里偏移 80 mm 的距离,如图3.50所示。

图 3.49　绘制矩形　　　　　　　　　　　　　　　　　　图 3.50　矩形偏移

使用"修剪"工具,根据需要,修剪得到进风口和出风口,如图 3.51 所示。

使用"偏移"工具,设偏移距离为 10 mm,将进风口的上边连续多次向下偏移,得到图 3.52 所示的结果。

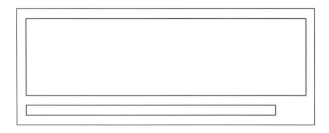 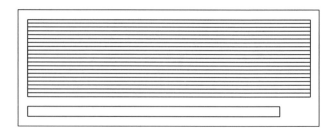

图 3.51　绘制进风口和出风口　　　　　　　　　　　　　图 3.52　绘制进风口

继续使用"偏移"工具,将出风口的上边向下偏移 10 mm,将下边向上偏移 10 mm,将左边向右分别偏移 180 mm 和 190 mm,再将右边向左分别偏移 180 mm 和 190 mm;使用"修剪"工具修剪交叉部分;在出风口绘制 1 个 20 mm×8 mm 的矩形和 4 个直径为 8 mm 的圆,最终得到图 3.53 所示的结果。

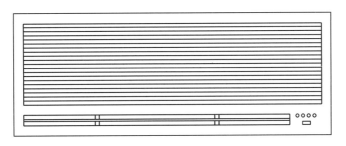

图 3.53　空调

3.9.4　实例四　门、窗、花

1. 实例——门

通过"矩形"工具及"圆弧"工具命令来学习平开门的绘制。操作步骤如下。

单击工具栏中的"矩形"按钮,在绘图区任意一点单击,并在命令行输入(@900,30),绘制出矩形,如图3.54所示。

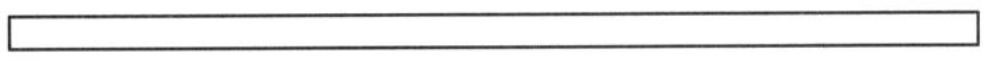

图 3.54　绘制矩形

选择"圆弧"工具,根据提示:

命令: _arc 指定圆弧的起点或 [圆心(C)]:

在命令行输入"C",选择矩形左上角顶点为圆心,根据提示:

指定圆弧的起点:

选择右上角的顶点为圆弧的起点,再次根据命令行提示:

指定圆弧的端点或 [角度(A)/弦长(L)]:

输入选项为角度"A",并指定角度值为 90。

绘制完成的平开门如图 3.55 所示。

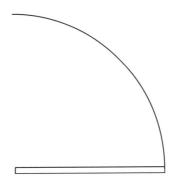

图 3.55　绘制平开门

2.实例——窗

通过"矩形"工具及"圆弧"工具命令来学习窗的绘制。操作步骤如下。

单击工具栏中的"矩形"按钮,以绘图区任意一点为起点,绘制一个 900 mm×900 mm 的矩形,并使用"偏移"工具向里偏移 40 mm,再将里面的矩形偏移 30 mm,如图 3.56 所示。

使用"直线"工具,连接中间矩形的上下中点,再向左、向右各偏移 15 mm,如图 3.57 所示。

根据图 3.58 所示,使用"修剪"工具,修剪相应的线段,并将中间的竖线删除。

 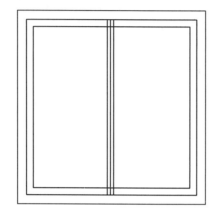 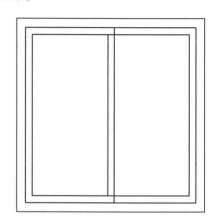

图 3.56　绘制矩形　　　　　　图 3.57　矩形偏移　　　　　　图 3.58　窗户

3. 实 例——花

使用"多边形"命令及"多段线"命令等来学习花朵的绘制。操作步骤如下。

单击工具栏中的"圆"按钮,以视图中任意一点为圆心,指定圆半径为 10 mm,如图 3.59 所示。

```
命令: _circle
指定圆的圆心或 [三点(3P)/两点(2P)/相切、相　切、半径(T)]:
指定圆的半径或 [直径(D)]: 10
```

图 3.59　绘制圆

单击工具栏中的"多边形"按钮,以圆的中心点为圆心,绘制半径为 50 mm 的多边形,如图 3.60 所示。

```
命令: _polygon 输入边的数目〈5〉:
指定正多边形的中心点或 [边(E)]:
输入选项 [内接于圆(I)/外切于圆(C)]〈I〉:
指定圆的半径: 50
```

图 3.60　绘制多边形

单击工具栏中的"圆弧"按钮,依次通过多边形的中点、顶点、中点,绘制圆弧,并将多边形删除,完成花瓣绘制,如图 3.61 所示。

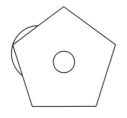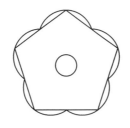

图 3.61 绘制花瓣

单击工具栏中的"圆弧"按钮,绘制一条圆弧作为花柄,如图 3.62 所示。

单击工具栏中的"多段线"按钮,指定绘图方式为圆弧,指定起点宽度为 10 mm,指定端点宽度为 0 mm,绘制出叶子并调整,重复以上过程,完成另一片叶子绘制,完成花的制作,如图 3.63 所示。

图 3.62 绘制花柄　　　　　　　　　　　　　图 3.63 花

命令：_pline

指定起点：

当前线宽为 0.0000

指定下一个点或 [圆弧(A)/半宽(H)/长度(L)/放弃(U)/宽度(W)]：a

指定圆弧的端点或

[角度(A)/圆心(CE)/方向(D)/半宽(H)/直线(L)/半径(R)/第二个点(S)/放弃(U)/宽度(W)]：w

指定起点宽度〈0.0000〉：10

指定端点宽度〈10.0000〉：0

指定圆弧的端点或

[角度(A)/圆心(CE)/方向(D)/半宽(H)/直线(L)/半径(R)/第二个点(S)/放弃(U)/宽度(W)]：

指定圆弧的端点或

[角度(A)/圆心(CE)/闭合(CL)/方向(D)/半宽(H)/直线(L)/半径(R)/第二个点(S)/放弃(U)/宽度(W)]：

本 章 小 结

本章主要学习 AutoCAD 2010 的一些基本二维绘图命令的使用方法,比如"直线""多段线""圆形""圆弧"等命令的使用,并结合实例,加强读者对二维绘图命令的理解。

第4章

图形编辑

TUXING BIANJI

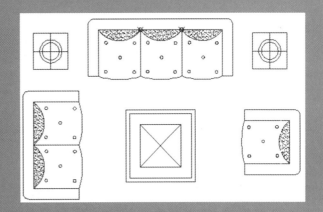

★ 学前指导

理论知识:学会使用移动、旋转、复制、缩放等命令对图形进行操作,掌握图形编辑功能,合理运用编辑命令提高绘图效率。

重点知识:图形的移动、复制、旋转、缩放、镜像、阵列、偏移等。

难点知识:典型实例的运用。

图形编辑就是对图形对象进行移动、旋转、复制、缩放等操作。AutoCAD 2010 提供了强大的图形编辑功能,可以帮助用户合理地构造和组织图形,以获得准确的图形。合理地运用编辑命令可以极大地提高绘图效率。

本章内容与绘图命令结合得非常紧密。通过本章的学习,读者应该掌握编辑命令的使用方法,能够利用绘图命令和编辑命令制作复杂的图形。

4.1
选 择 对 象

在图形编辑前,首先要选择需要进行编辑的图形对象,然后再对其进行编辑加工。AutoCAD 2010 会将所选择的对象以虚线显示,这些所选择的对象被称为选择集。选择集可以包含单个对象,也可以包含更复杂的多个对象。

4.1.1 快速选择对象

在 AutoCAD 2010 中,当需要选择具有某些共同特性的对象时,可利用"快速选择"对话框,根据对象的图层、线型、颜色、图案填充等特性和类型,创建选择集。在快速访问工具栏中选择"显示菜单栏"命令,在弹出的菜单中选择"工具→快速选择"命令,或在功能区选项板中选择"常用"选项卡,在实用程序面板中单击"快速选择"按钮,都可打开"快速选择"对话框,如图 4.1 所示。

4.1.2 过滤选择对象

在命令行提示下输入"FILTER"命令,将打开"对象选择过滤器"对话框。可以以对象的类型(如直线、圆及圆弧等)、图层、颜色、线型或线宽等特性作为条件,过滤选择符合设定条件的对象,如图 4.2 所示。此时必须考虑图形中对象的这些特性是否设置为随层。

4.1.3 窗口方式和交叉方式

"窗口方式"表示选取某矩形窗口内的所有图形,操作方法是在"选择对象:"后面输入"W"(表示 Window),

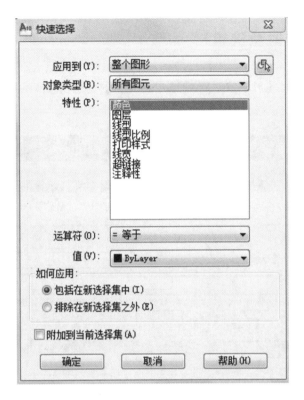

图 4.1 "快速选择"对话框

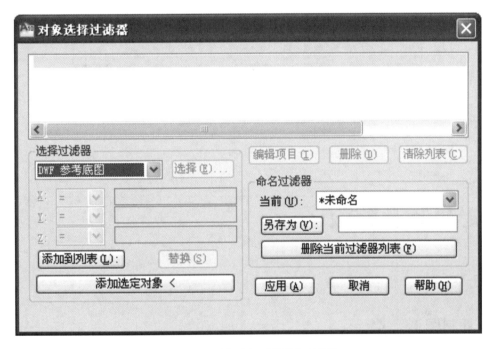

图 4.2 "对象选择过滤器"对话框

后面就和"默认窗口方式"方法相同。"交叉窗口方式"表示选取某矩形窗口内部及与窗口边界相交的所有图形,操作方法是在"选择对象:"后面输入"C"(表示 Crossing Window),该方法和"默认窗口方式"的区别在于没有方向的规定。

4.1.4 建立选择集(对象编组)

在 AutoCAD 2010 中,可以将图形对象进行编组以创建一种选择集,使编辑对象变得更为灵活,如图 4.3 所示。

图 4.3 "对象编组"对话框

4.2
图形复制及删除

4.2.1 复制图形

1. 命令格式

命令行:Copy(CP)。

菜单栏:"修改→复制选择"。

在"常用"选项卡下的"修改"功能区中单击"复制"按钮 ,将指定的对象复制到指定的位置上。

2. 操作步骤

用"Copy"命令复制图4.4(a)中床上的枕头,结果如图4.4(b)所示。

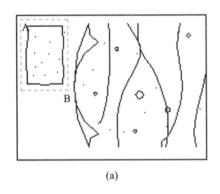 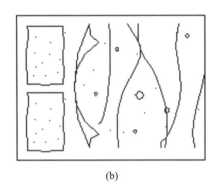

(a)   (b)

图 4.4   用"Copy"命令复制图形

操作如下:

命令:Copy	执行 Copy 命令
选择复制对象:点选点 A	指定窗选对象的第一点
另一角点:点选点 B	指定窗选对象的第二点
选择集当中的对象:17	提示已选择对象数
选择复制对象:	回车结束对象选择
当前设置:复制模式 = 多个	
指定基点或［位移(D)/模式(O)］〈位移〉:	
点选一点	指定复制基点
指定第二个点或〈使用第一个点作为位移〉:	
点选另外一点	指定位移点
指定第二个点或［退出(E)/放弃(U)］〈退出〉:	回车结束命令

以上各项提示的含义和功能说明如下:

基点:通过基点和放置点来定义一个矢量,指示复制的对象移动的距离和方向;

位移(D):通过输入一个三维数值或指定一个点来指定对象副本在当前 X、Y、Z 轴的方向和位置;

模式(O):控制复制的模式为单个或多个,确定是否自动重复该命令。

3. 注意

(1)"Copy"命令支持对简单的单一对象(集)的复制,如直线、圆、圆弧、多段线、样条曲线和单行文字等,同时也支持对复杂对象(集)的复制,例如关联填充、块、多重插入块,多行文字,外部参照,组对象等。

(2)使用"Copy"命令对一个图形文件进行多次复制,如果要在图样之间进行复制,应采用"Copyclip"命令,它将复制对象复制到 Windows 的剪贴板上,然后在另一个图形文件中用"Pasteclip"命令将剪贴板上的内容粘贴到图样中。

4.2.2   将图形复制到 Windows 剪贴板中

当用户要从另一个应用程序的图形文件中使用对象时,可以先将这些对象剪切或复制到剪贴板,然后将它们从剪贴板粘贴到其他的应用程序中。

剪切:剪切将从图形中删除选定对象并将它们存储到剪贴板上,然后便可以将对象粘贴到其他应用程序创建的文档中。

复制:可以使用剪贴板将图形部分或全部复制到其他应用程序创建的文档中。对象以矢量格式复制,这样在其他应用程序中将保持高分辨率。

粘贴:应用程序使用不同的内部格式存储剪贴板信息。将对象复制到剪贴板时,将以所有可用格式存储信息。将剪贴板的内容粘贴到图形中时,将使用保留信息最多的格式。粘贴信息可以转换为 AutoCAD 格式。

4.2.3 删除图形

1.命令格式

命令行:Erase(E)。

菜单栏:"修改→删除"。

工具栏:"修改→删除" 。

通过以上三种方式中的一种,都可以删除图形文件中选取的对象。

2.操作步骤

用"Delete"命令删除图 4.5(a)中的圆形,结果如图 4.5(b)所示。

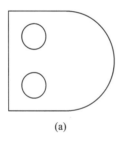 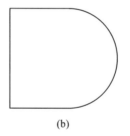

(a)   (b)

图 4.5 用"Delete"命令删除图形

操作如下。

命令:Erase(E)	执行 Erase 命令
选取删除对象:点选圆	选取删除对象
选择集中的对象:1	提示已选择对象数
选取删除对象:点选另一个圆	选取删除对象
选择集中的对象:2	提示已选择对象数
选取删除对象	回车删除对象

3.注意

使用"Oops"命令,可以恢复最后一次使用"Delete"命令删除的对象。如果要连续向前恢复被删除的对象,则需要使用取消命令"Undo"。

4.3
图形变换

4.3.1 移动

1. 命令格式

命令行:Move(M)。

菜单栏:"修改→移动"。

工具栏:"修改→移动" ✛ 。

通过以上三种方式中的任一种,都可以将选取的对象以指定的距离从原来位置移动到新的位置。

2. 操作步骤

用"Move"命令将图4.6(a)中上面三个圆向上移动一定的距离,结果如图4.6(b)所示。

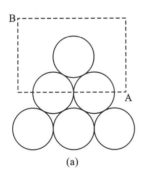
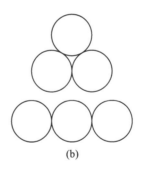

(a)   (b)

图4.6　用"Move"命令进行移动

操作如下。

命令:Move (M)	执行 Move 命令
选择移动对象:点选点 A	指定窗选对象的第一点
另一角点:点选点 B	指定窗选对象的第二点
选择集中的对象:3	提示已选择对象数
选取移动对象:	回车结束对象选择
指定基点或［位移(D)］〈位移〉:	指定移动的基点
指定第二个点或〈使用第一个点作为位移〉:	垂直向上指定另一点

3. 注意

用户可借助目标捕捉功能来确定移动的位置。移动对象时最好将"极轴"打开,可以清楚看到移动的距离及方位。

4.3.2 旋转

1. 命令格式

命令行:Rotate(V)。

菜单栏:"修改→旋转"。

工具栏:"修改→旋转" 。

通过以上三种方式的任意一种,都可以通过指定的点来旋转选取的对象。

2. 操作步骤

用"Rotate"命令将图 4.7(a)中正方形内的两个螺栓复制并旋转 90°,使得正方形每个角都有一个螺栓,结果如图 4.7(c) 所示。

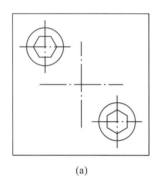 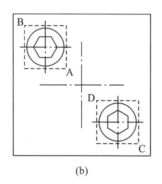 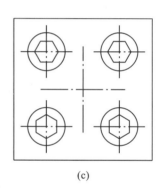

(a)　　　　　　　　　　　　(b)　　　　　　　　　　　　(c)

图 4.7　用"Rotate"命令进行旋转

操作如下。

命令:Rotate	执行 Rotate 命令
选择对象:点选点 A	指定窗选对象的第一点
另一角点:点选点 B	指定窗选对象的第二点
选择集当中的对象:9	提示已选择对象数
选择对象:点选点 C	指定窗选对象的第一点
另一角点:点选点 D	指定窗选对象的第二点
选择集当中的对象:18	提示已选择对象数
选择对象:	回车结束对象选择
UCS 当前正角方向:ANGDIR=逆时针　ANGBASE=0	
指定基点:点选正方形中心点	指定旋转点
指定旋转角度或［复制(C)/参照(R)］〈0〉:C	选择复制旋转
旋转一组选定对象。	
指定旋转角度或［复制(C)/参照(R)］〈0〉:90	指定旋转 90 度

以上各项提示的含义和功能说明如下。

旋转角度:指定对象绕指定的点旋转的角度。旋转轴通过指定的基点,并且平行于当前用户坐标系的 Z 轴。

复制(C):在旋转对象的同时创建对象的旋转副本。

参照(R):将对象从指定的角度旋转到新的绝对角度。

3. 注意

对象相对于基点的旋转角度有正负之分,正角度表示沿逆时针旋转,负角度表示沿顺时针旋转。

4.3.3 镜像

1. 命令格式

命令行:Mirror(MI)。

菜单栏:"修改→镜像"。

工具栏:"修改→镜像"。

镜像即以一条线段为基准线,创建对象的反射副本。

2. 操作步骤

对图4.8(a)用"Mirror"命令使桌子另一边也有同样的椅子,效果如图4.8(b)所示。

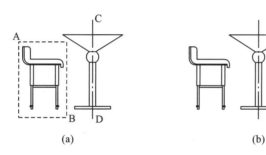

| (a) | (b) |

图4.8 用"Mirror"命令镜像图形

操作步骤如下。

命令:Mirror	执行 Mirror 命令
选择对象:点选点 A	指定窗选对象的第一点
另一角点:点选点 B	指定窗选对象的第二点
选择集当中的对象:37	提示已选择对象数
选择对象:	回车结束对象选择
指定镜面线的第一点:点选点 C	指定镜像线第一点
指定镜面线的第二点:点选点 D	指定镜像线第二点
要删除源对象吗?[是(Y)/否(N)]〈N〉:	回车结束命令

3. 注意

若选取的对象为文本,可配合系统变量"Mirrtext"来创建镜像文字。当"Mirrtext"的值为"1(开)"时,文字对象将同其他对象一样被镜像处理。当"Mirrtext"设置为"关(0)"时,创建的镜像文字对象方向不改变。

4.3.4　矩形阵列和环形阵列

1. 命令格式

命令行：Array(AR)。

菜单栏："修改→阵列"。

工具栏："修改→阵列" 🔳。

阵列即复制选定对象的副本,并按指定的方式排列。除了可以对单个对象进行阵列的操作,还可以对多个对象进行阵列的操作,在执行该命令时,系统会将多个对象视为一个整体对象来对待。

2. 操作步骤

将图4.9(a)用"Array"命令进行阵列复制,得到图4.9(b)所示的图形。

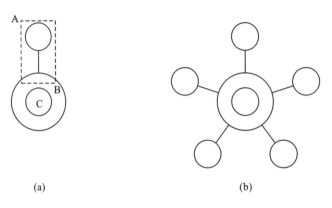

(a)　　　　　　　　　　　　(b)

图4.9　用"Array"命令进行阵列复制

执行"ARRAY"命令,AutoCAD 2010弹出"阵列"对话框,如图4.10所示。

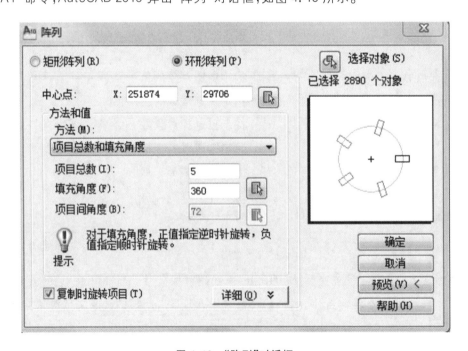

图4.10　"阵列"对话框

操作如下。

中心点:点选点 C	指定环形阵列中心
项目总数:5	指定整列项数
填充角度:360	指定阵列角度
【选择对象】	选择对象
选取阵列对象:点选点 A	指定窗选对象的第一点
另一角点:点选点 B	指定窗选对象的第二点
选择集当中的对象:2	提示已选择对象数
选取阵列对象:	回车结束对象选择
【确定】	结束命令

矩形阵列(R):复制选定的对象后,为其指定行数和列数创建阵列。

图 4.11 所示为矩形阵列示意图。

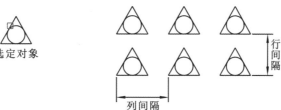

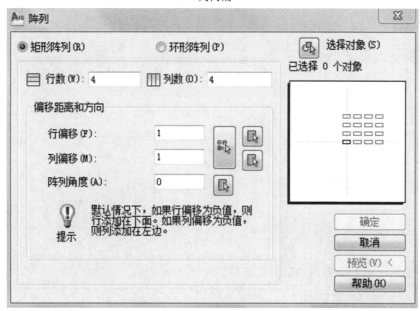

图 4.11　矩形阵列示意

图 4.12 所示为环形阵列示意图。

利用其选择阵列对象,并设置了阵列中心点、填充角度等参数后,即可实现阵列。

3. 注 意

环形阵列时,阵列角度值若为正值,则以逆时针方向旋转,若为负值,则以顺时针方向旋转。阵列角度值不允许为 0,选项间角度值可以为 0,但当选项间角度值为 0 时,将看不到阵列的任何效果。

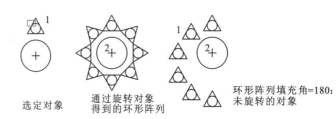

选定对象　　　通过旋转对象　　　　　　环形阵列填充角=180：
　　　　　　　得到的环形阵列　　　　　　未旋转的对象

图4.12　环形阵列示意

4.3.5　偏移

1. 命令格式

命令行：Offset(O)。

菜单栏："修改→偏移"。

工具栏："修改→偏移" 。

偏移即以指定的点或指定的距离将选取的对象偏移并复制,使对象副本与原对象平行。

2. 操作步骤

用"Offset"命令偏移一组同心圆,如图4.13所示。

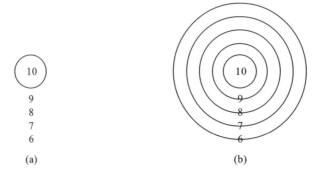

图4.13　用"Offset"命令偏移对象

操作步骤如下。

命令:Offset	执行 Offset 命令
指定偏移距离或［通过(T)/拖拽(D)/删除(E)/图层(L)］〈通过〉:2	
输入 2	指定偏移距离
选择要偏移的对象,或[退出(E)/放弃(U)]〈退出〉:	
选择圆形	选择要偏移的对象
指定要偏移的那一侧上的点,或［退出(E)/多个(M)/放弃(U)]〈退出〉: m	
输入 M	选择多次偏移
指定要偏移的那一侧上的点,或［退出(E)/放弃(U)]〈下一个对象〉:	
选取圆外一点	偏移出一个圆
指定要偏移的那一侧上的点,或［退出(E)/放弃(U)]〈下一个对象〉:	
选取圆外一点	偏移出第二个圆
指定要偏移的那一侧上的点,或［退出(E)/放弃(U)]〈下一个对象〉:	
选取圆外一点	偏移出第三个圆
指定要偏移的那一侧上的点,或［退出(E)/放弃(U)]〈下一个对象〉:	
选取圆外一点	偏移出第四个圆
指定要偏移的那一侧上的点,或［退出(E)/放弃(U)]〈下一个对象〉:	
回车	结束命令

以上各项提示的含义和功能说明如下:

偏移距离:在距离选取对象的指定距离处创建选取对象的副本;

通过(T):以指定点创建通过该点的偏移副本;

拖拽(D):以拖拽的方式指定偏移距离,创建偏移副本;

删除(E):在创建偏移副本之后,删除或保留源对象;

图层(L):控制偏移副本是创建在当前图层上还是源对象所在的图层上。

3. 注意

"偏移"命令是一个单对象编辑命令,在使用过程中,只能以直接拾取方式选择对象。

4.4
使用夹点编辑图形

在 AutoCAD 2010 中,夹点是一种集成的编辑模式,提供了一种方便快捷的编辑操作途径。

4.4.1 拉伸图形对象

拉伸或移动对象,其规则与"拉伸"命令相同。选择基点后,系统将会提示如下信息。

指定拉伸点或[基点(B)/复制(C)/放弃(U)/退出(X)]:

各选项作用如下。

(1)指定拉伸点:确定对象被拉伸以后的基点新位置(默认项)。可以通过输入点的坐标或直接拾取点的方式来确定。确定拉伸点后,AutoCAD 2010会把选择的对象拉伸(或移动)到新位置。

(2)基点:重新确定拉伸基点,执行此选项后系统将会提示:

指定基点:

在此提示下确定基点,此时可以将该点作为基点进行拉伸操作。

(3)复制:允许用户进行多次拉伸操作,执行该选项后系统将会提示如下信息。

指定拉伸点或[基点(B)/复制(C)/放弃(U)/退出(X)]:

此时用户可以确定一系列的拉伸点以实现多次拉伸。

(4)放弃:取消上一次操作。

(5)退出:退出当前操作。

4.4.2 移动图形对象

"移动对象"命令可以将对象从当前位置移动到新位置,也可以进行多次复制。为操作对象确定基点后,在"指定一动点或[基点(B)/复制(C)/放弃(U)/退出(X)]:"提示下按回车键或输入"MO"后按回车键,AutoCAD 2010即进入移动模式并显示如下提示信息。

指定移动点或[基点(B)/复制(C)/放弃(U)/退出(X)]:

其中"指定移动点"(默认项)可通过输入点的坐标或拾取点的方式来确定新位置。确定新位置后AutoCAD 2010将会以基点作为位移的起始点,以目的点作为终止点,将所选对象平移到新位置。

4.4.3 旋转图形对象

"旋转对象"命令可以将对象绕基点进行旋转,还可以进行多次旋转复制。为所操作对象确定基点后,在"指定旋转角度或[基点(B)/复制(C)/放弃(U)/退出(X)]:"提示下按回车键两次或直接输入"RO"后按回车键,AutoCAD 2010将进入旋转模式并显示如下提示信息。

指定旋转角度或[基点(B)/复制(C)/放弃(U)/参照(R)/退出(X)]:

各选项作用如下。

（1）指定旋转角度：确定旋转角度（默认项），可直接输入角度值，也可采用拖动的方式确定旋转角度。确定角度后，AutoCAD 2010 将会把对象绕基点进行旋转。

（2）参照：以参考方式旋转对象，与旋转命令中的"参照"选项功能相同。

4.4.4　缩放图形对象

缩放图形对象是对对象相对于基点缩放，同时也可以进行多次复制。为操作的对象确定基点后，在"指定比例因子或［基点（B）/复制（C）/放弃（U）/退出（X）］："提示下按回车键三次或直接输入"SC"后按回车键，AutoCAD 2010 进入缩放模式并显示如下提示信息。

指定比例因子或［基点（B）/复制（C）/放弃（U）/参照（R）/退出（X）］：

各选项作用如下。

（1）指定比例因子：确定缩放比例（默认项），用户输入比例值后，AutoCAD 2010 将相对于基点缩放对象，当比例因子大于 1 时，放大对象；当比例因子大于 0 小于 1 时，缩小对象。

（2）参照：以参考方式对所选对象进行缩放，与"缩放"命令中的"参照"选项功能相同。

4.4.5　镜像图形对象

镜像对象与"镜像"命令功能类似，可以把对象按指定的镜像线做变换，且镜像变换后删除原对象，也可以进行多次复制。为操作对象确定基点后，在"指定第二点后［基点（B）/复制（C）/放弃（U）/退出（X）］："提示下按回车键四次或直接输入"MI"后按回车键，AutoCAD 2010 进入镜像模式并显示如下提示信息。

指定第二点或［基点（B）/复制（C）/放弃（U）/退出（X）］：

其中，选择"指定镜像线的第二点"（默认项）后，AutoCAD 2010 将会把基点作为镜像线上的第一点，将对象做镜像。

实例：利用"矩形"命令和"镜像"命令来绘制电冰箱，如图 4.14 所示。

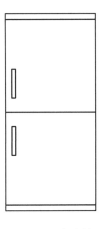

图 4.14　电冰箱

4.5
修改图形

4.5.1 延伸对象

延伸对象是指将指定的对象延伸到指定边界。命令为"EXTEND",单击"修改"工具栏上的 ⇥ (延伸)按钮,或选择"修改→延伸"命令,即执行"EXTEND"命令,AutoCAD 2010 提示如下信息。

> 选择边界的边...
>
> 选择对象或〈全部选择〉:(选择作为边界边的对象,按 Enter 键则选择全部对象)
>
> 选择对象:✓(也可以继续选择对象)
>
> 选择要延伸的对象,或按住 Shift 键选择要修剪的对象,或[栏选(F)/窗交(C)/投影(P)/边(E)/放弃(U)]:

4.5.2 拉长对象

拉长对象可以使用拉长方法改变圆弧、直线、椭圆弧、开放多段线以及开放样条曲线的长度。拉长的方向由鼠标在对象上单击的位置来决定,如果在靠近左边端点的位置单击,则向左边拉长;如果在靠近右边端点的位置单击,则向右边拉长。

单击"修改"工具栏上的 ✏ (拉长)按钮。

4.5.3 拉伸对象

拉伸与"移动"(MOVE)命令的功能有类似之处,可移动图形,但拉伸通常用于使对象拉长或压缩。命令为"STRETCH"。

单击"修改"工具栏上的 ⊡ (拉伸)按钮,或选择"修改→拉伸"命令,即执行"STRETCH"命令,AutoCAD 2010 提示如下信息。

> 以交叉窗口或交叉多边形选择要拉伸的对象...
>
> 选择对象:C✓(或用 CP 响应。第一行提示说明用户只能以交叉窗口方式(即交叉矩形窗口,用 C 响应)或交叉多边形方式(即不规则交叉窗口方式,用 CP 响应)选择对象)
>
> 选择对象:(可以继续选择拉伸对象)
>
> 选择对象:✓
>
> 指定基点或[位移(D)]〈位移〉:

(1) 指定基点:确定拉伸或移动的基点。

(2) 位移(D):根据位移量移动对象。

4.5.4 修剪对象

修剪对象是指用作为剪切边的对象修剪指定的对象(称后者为被剪边),即将被修剪对象沿修剪边界(即剪切边)断开,并删除位于剪切边一侧或位于两条剪切边之间的部分。命令为"TRIM"。

单击"修改"工具栏上的 ⫻ (修剪)按钮,或选择"修改→修剪"命令,即执行"TRIM"命令,AutoCAD 2010 提示如下信息。

> 选择剪切边…
>
> 选择对象或〈全部选择〉:(选择作为剪切边的对象,按 Enter 键选择全部对象)
>
> 选择对象↙(还可以继续选择对象)
>
> 选择要修剪的对象,或按住 Shift 键选择要延伸的对象,或
>
> [栏选(F)/窗交(C)/投影(P)/边(E)/删除(R)/放弃(U)]:

4.5.5 缩放对象

缩放对象即以一定比例放大或缩小选取的对象。缩放对象主要有以下三种方式。

(1) 命令行:Scale(SC)。

(2) 菜单栏:选择"修改→缩放"命令。

(3) 工具栏:单击修改工具栏中的"缩放"按钮。

实训:用"Scale"命令将图 4.15(a)所示的五角星缩小,效果如图 4.15(b)所示。

(a)   (b)

图 4.15   用"Scale"命令缩小图形

4.5.6 倒角对象

倒角对象是在两条直线之间创建倒角。命令为"CHAMFER"。

单击"修改"工具栏上的 ⬦ (倒角)按钮,或选择"修改→倒角"命令,即执行"CHAMFER"命令,AutoCAD 2010 提示如下信息。

（"修剪"模式）当前倒角距离 1 ＝ 0.0000,距离 2 ＝ 0.0000
选择第一条直线或［放弃(U)/多段线(P)/距离(D)/角度(A)/修剪(T)/方式(E)/多个(M)］:

提示的第一行说明当前的倒角操作属于"修剪"模式,且第一、第二倒角距离分别为 1 和 2。

4.5.7 圆角对象

圆角对象即为对象创建圆角,命令为"FILLET"。

单击"修改"工具栏上的 ◰ (圆角)按钮,或选择"修改→圆角"命令,即执行"FILLET"命令,AutoCAD 2010
提示如下信息。

当前设置: 模式 ＝ 修剪,半径 ＝ 0.0000
选择第一个对象或［放弃(U)/多段线(P)/半径(R)/修剪(T)/多个(M)］:

4.5.8 分解对象

分解对象主要是把单个组合的对象重新分解成多个单独的对象,以便更方便地对各个单独对象进行编辑。
方式:选择"修改→分解"命令。
实例:制作如图 4.16 所示的沙发组合。

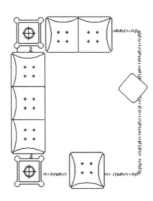

图 4.16 沙发组合

4.5.9 打断对象

在两点之间打断对象的方法有以下三个。

(1) 在命令行中输入"break"后按 Enter 键。

(2) 单击"常用"选项卡,单击修改面板中的"打断"按钮 ▥ 。

(3) 在菜单栏中选择"修改→打断"命令。

选择"修改→打断"命令,即执行"BREAK"命令,AutoCAD 2010 提示如下信息。

选择对象:(选择要断开的对象。此时只能选择一个对象)

指定第二个打断点或〔第一点(F)〕:

4.6
典 型 实 例

4.6.1　实例一　餐桌

步骤1:在"绘图"中选择"矩形"工具 ，在视图中确定一点,绘制一个长为1245 mm、宽为670 mm的餐桌的轮廓,然后再用"绘图"中的"偏移"工具 选中矩形,将矩形向内偏移20 mm,如图4.17所示。

图 4.17　绘制餐桌的轮廓

步骤2:在"绘图"中选择"直线"工具 和"多线段"工具 ,绘制桌布的效果,如图4.18所示。

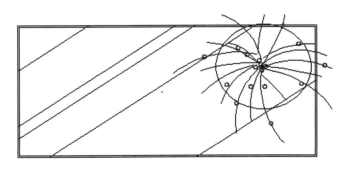

图 4.18　绘制桌布效果

步骤3:在"绘图"中选择"矩形"工具 ,绘制长为380 mm、高为420 mm的椅子轮廓,然后再用"绘图"中的"偏移"工具 将矩形向内偏移15 mm,如图4.19所示。

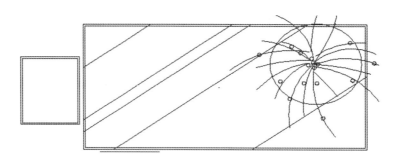

图 4.19　绘制椅子轮廓并调整

步骤4:在"修改"中选择"圆角"工具 ⬜▾,将小矩形的四个角倒35 mm,然后再用"绘图"中的"圆弧"工具 ⬜▾ 绘制出椅子的靠背轮廓,如图4.20所示。

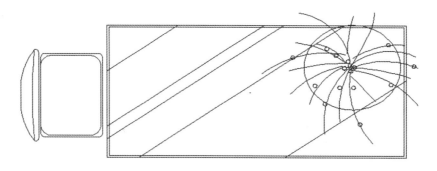

图 4.20　绘制椅子靠背轮廓

步骤5:在"修改"中选择"复制"工具 ⬜,将绘制好的椅子镜像复制到对面,然后再复制一个,并旋转90° ⬜,放在餐桌的左侧面,然后再复制一个,选中左边的两个椅子,镜像 ⬜ 复制到右侧,绘制出餐桌最终图,如图4.21所示。

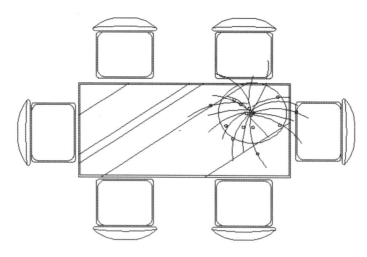

图 4.21　餐桌最终图

4.6.2　实例二　电视机

步骤1:在"绘图"中选择"矩形"工具 ⬜,在视图中确定一点,绘制长为 1190 mm、宽为 450 mm 的电视柜的轮廓,如图 4.22 所示。

步骤 2:在"绘图"中选择"矩形"工具 ⬜ ,以绘制矩形的一角为起点绘制长为 1190 mm、宽为 920 mm 的电视机的外轮廓,然后再用"偏移"工具 ⬚ 将绘制的矩形向内偏移 30 mm,如图 4.23 所示。

图 4.22　绘制电视柜的轮廓

图 4.23　绘制电视机的外轮廓

步骤 3:在"修改"中选择"分解"工具 ⬚ ,将两矩形选中并进行分解,然后再用"偏移"工具 ⬚ 移动小矩形使间距分别为 8 mm、52 mm 和 30 mm,如图 4.24 所示。

步骤 4:在"绘图"中选择"直线"工具 ⁄ ,将正交模式关闭,在电视荧屏内绘制出斜线,如图 4.25 所示。

图 4.24　移动小矩形

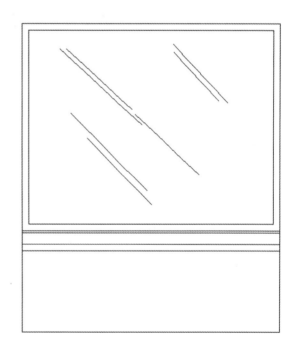

图 4.25　绘制斜线

步骤 5:在"注释"中选择"多行文字"工具 **A** ,确定文字位置,出现"文字格式"对话框并设定字体和大小,然后输入"SAMSUNG",如图 4.26 所示。

步骤6:在"绘图"中选择"图案填充"工具 ，在弹出的"图案填充和渐变色"面板中选择"AR－B88"网格图案,然后将比例设为5,选择电视下面的矩形,将编辑好的图案填充到矩形内,如图4.27所示。

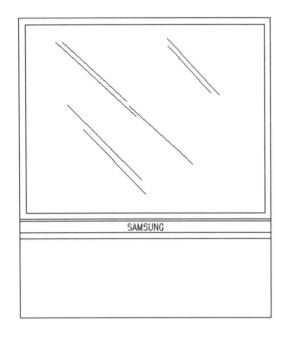

图4.26 输入文字

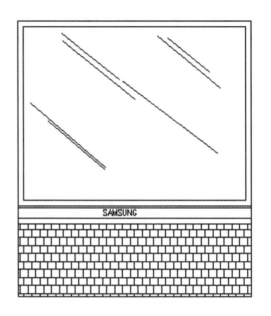

图4.27 填充网格图案

4.6.3 实例三 绘制墙体施工平面图

步骤1:在图层面板中新建轴线层、墙体线,并设轴线层为当前图层。在"绘图"中选择"直线"工具 ，在垂直方向绘制一条高度为 12000 mm 的直线,再选择"偏移"工具 将其依次向右偏移 1200 mm、4300 mm、2400 mm、3300 mm 和 1800 mm,在水平方向同样绘制一条宽度为 15000 mm 的直线,依次向下偏移 3600 mm、3100 mm 和 1195 mm,如图 4.28 所示。

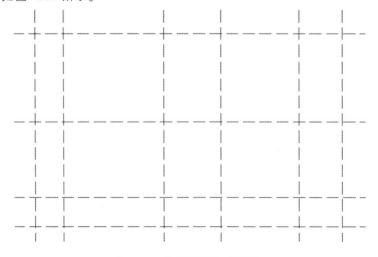

图4.28 绘制轴线层、墙体线

步骤 2：在"图层"工具栏中设墙线层为当前图层，在"绘图"菜单下选择"多线"工具，并设多线的对正方式为"无"，多线的比例为 240 mm，然后沿着轴网绘制房间的布局，如图 4.29 所示。

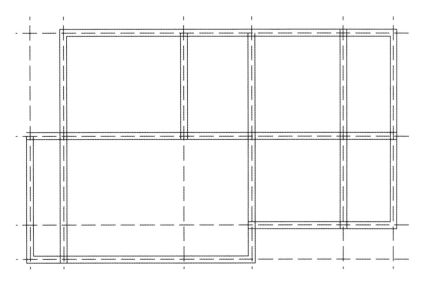

图 4.29　绘制房间的布局

步骤 3：在"修改"中选择"分解"工具 ，将墙体分解，在"修改"中选择"修剪"工具 ，修剪多余的线，并绘制出卫生间的位置，如图 4.30 所示。

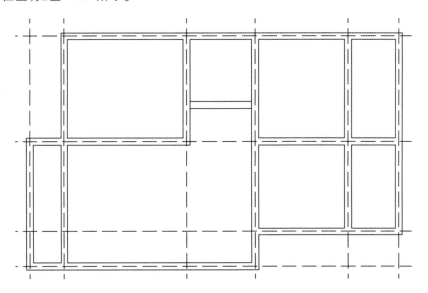

图 4.30　分解墙体、修剪多余的线、绘制卫生间

步骤 4：在"绘图"中选择"直线"工具 ，分别绘制出房间的 800 mm 门洞和 1600 mm、2000 mm、700 mm 窗洞，然后选择"修剪"工具 ，修剪出门窗的宽度，如图 4.31 所示。

步骤 5：在"图层"面板上将轴线层隐藏，在"绘图"中选"直线"工具 和"圆弧"工具 ，绘制出房间的门和窗户，如图 4.32 所示。

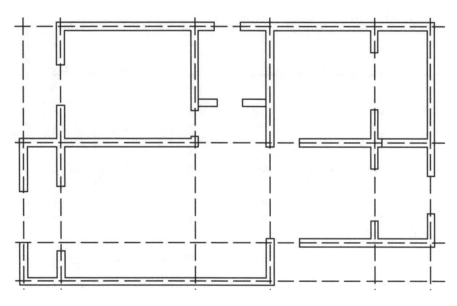

图 4.31　绘制门洞、窗洞

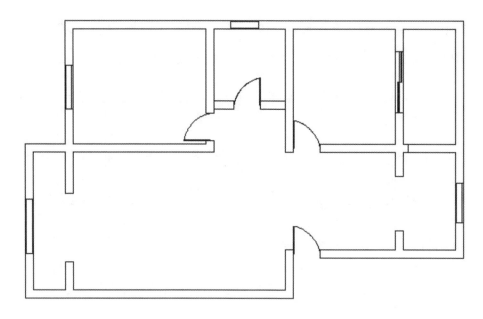

图 4.32　绘制门和窗户

4.6.4　实例四　家具模型——沙发

步骤1:在"绘图"中选择"直线"工具 ,绘制长为2100 mm、宽为800 mm的矩形,然后将矩形的左右两边和顶边分别向内偏移150 mm,然后使用"修剪"工具 ,将底边修剪掉,将左右两个角倒半径为80 mm的圆角,如图4.33所示。

步骤2:选择"常用"选项卡下"实用工具"面板中的"点样式",弹出图4.34所示对话框。

在"绘图"中选择"点"工具 的"定分等数",将靠背内侧直线分为三等分,然后再用"直线"和"圆弧"画

图 4.33　绘制靠背的轮廓

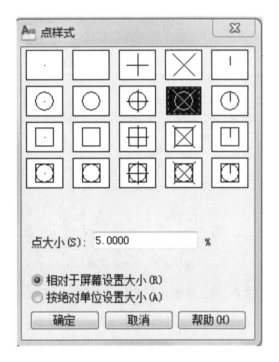

图 4.34　"点样式"对话框

出图 4.35 所示的沙发坐垫的轮廓。

步骤 3:在"绘图"中选择"圆弧"工具 ，绘制沙发坐垫上靠背的轮廓,用复制命令复制剩下的,然后再用

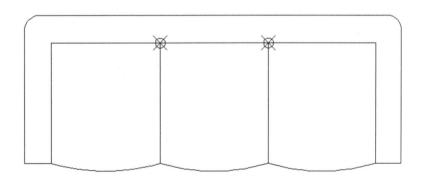

图 4.35　绘制沙发坐垫的轮廓

"图案填充"工具 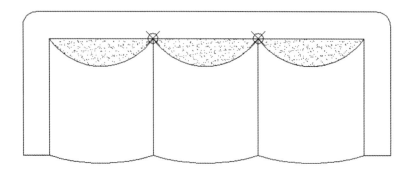,在弹出的界面中选择图案并改变比例因子,填充到弧形靠背中,如图 4.36 所示。

图 4.36　绘制并填充弧形靠背

步骤 4:在"绘图"中选择"圆"工具 ,在坐垫中间绘制小圆形,如图 4.37 所示。

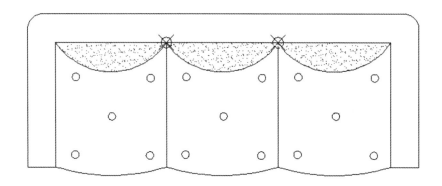

图 4.37　绘制小圆形

步骤 5:在"修改"中选择"复制"工具 ,接着用"旋转"工具 ,旋转 90°,然后将沙发编辑成两人座沙发和单人座沙发,如图 4.38 所示。

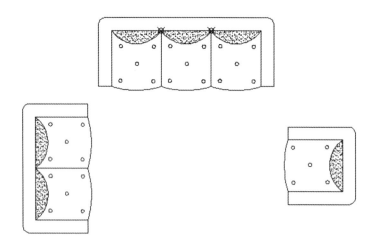

图 4.38　绘制两人座沙发和单人座沙发

步骤 6:在"绘图"中选择"矩形"工具 ,绘制长宽都为 900 mm 的茶几外轮廓,然后再用"偏移"工具 将绘制的矩形向内偏移 50 mm。用"直线"工具绘制纹理效果,如图 4.39 所示。

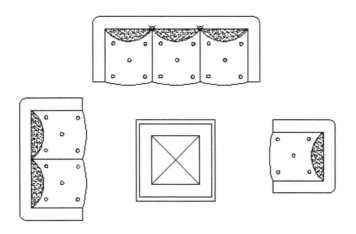

图 4.39　绘制茶几

步骤7：在"绘图"中选择"矩形"工具 ，绘制长宽都为 500 mm 的矩形,然后再用"直线"工具绘制出中线,如图 4.40 所示。

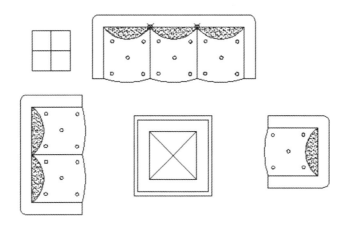

图 4.40　绘制矩形及其中线

步骤8：在"绘图"中选择"圆"工具 ，以中线的交点为圆心,绘制一个半径为 160 mm 的正圆,再用"偏移"工具 将圆向内偏移 40 mm,如图 4.41 所示。

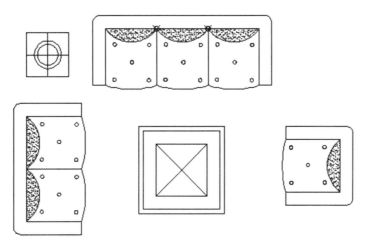

图 4.41　绘制正圆

步骤9:在"修改"中选择"镜像"工具 ，将绘制的茶几选中后镜像复制到右侧,绘制出最终的沙发组合, 如图 4.42 所示。

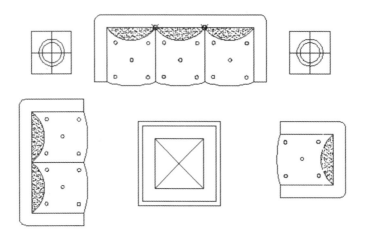

图 4.42 最终的沙发组合

本 章 小 结

本章系统介绍了 AutoCAD 2010 在建筑图绘制中常用的图形编辑功能。通过本章学习,用户可以对图形编 辑命令有一个基本认识,并掌握图形编辑命令的操作方法,为日后的操作打下基础。

第5章

应用面域与图案填充

YINGYONG MIANYU YU TUAN TIANCHONG

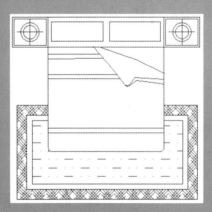

★ 学前指导

理论知识:学会使用面域和图案填充命令,掌握图案填充的各种方法与应用,合理运用面域与图案填充命令。

重点知识:图案填充的设置和编辑。

难点知识:面域与实例操作。

在 AutoCAD 2010 中,面域和图案填充也属于二维图形对象。其中,面域是具有边界的平面区域,它是一个面对象,内部可以包含孔;图案填充是一种使用指定线条图案来充满指定区域的图形对象,常常用于表达剖切面和不同类型物体对象的外观纹理 。

"图案填充创建"选项卡包含以下面板。

边界面板:设置拾取点和填充区域的边界。

图案面板:指定图案填充的各种图案形状。

特性面板:指定图案填充的类型、背景色、透明度、选定填充图案的角度和比例。

原点面板:控制填充图案生成的起始位置。某些图案填充(例如砖块图案)需要与图案填充边界上的一点对齐。默认情况下,所有图案填充原点都对应于当前的 UCS 原点。

选项面板:控制几个常用的图案填充或填充选项,并可以通过选择"特性匹配"选项使用选定图案填充对象对指定的边界进行填充。

关闭面板:单击此面板,将关闭图案填充创建。

5.1
创 建 面 域

在 AutoCAD 2010 中可以将由某些对象围成的封闭区域转换为面域,这些封闭区域可以是圆、椭圆、封闭的二维多段线或封闭的样条曲线等对象,也可以是由圆弧、直线、二维多段线、椭圆弧、样条曲线等对象构成的封闭区域。

5.1.1 使用"面域"命令创建面域

选择"绘图→面域"命令(REGION),或在"绘图"工具栏中单击"面域"按钮 ,然后选择一个或多个用于转换为面域的封闭图形,按下 Enter 键即可将它们转换为面域。因为圆、多边形等封闭图形属于线框模型,而面域属于实体模型,因此它们在选中时表现的形式也不相同。

5.1.2 使用"边界"命令创建面域

选择"边界"命令,会弹出"边界创建"对话框,在该对话框中进行设置并创建面域,如图5.1所示。

图 5.1 "边界创建"对话框

5.2 布尔运算面域

布尔运算的对象只包括实体和共面的面域,对于普通的线条图形对象无法使用布尔运算。使用"修改→实体编辑"子菜单中的相关命令,如图5.2所示,可以对面域进行不同的布尔运算。

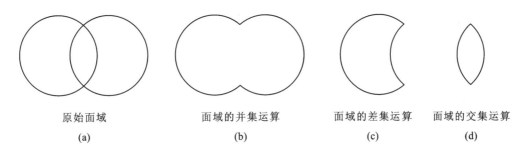

| 原始面域 | 面域的并集运算 | 面域的差集运算 | 面域的交集运算 |
| (a) | (b) | (c) | (d) |

图 5.2 布尔运算面域

1. 并集运算面域

创建面域的并集,此时需要连续选择要进行并集操作的面域对象,直到按下 Enter 键,即可将选择的面域合并为一个图形并结束命令。

2. 差集运算面域

创建面域的差集,用一个面域减去另一个面域。

3. 交集运算面域

创建多个面域的交集即各个面域的公共部分,此时需要同时选择两个或两个以上面域对象,然后按下Enter键即可。

4. 提取面域数据

从表面上看,面域和一般的封闭线框没有区别,就像是一张没有厚度的纸。实际上,面域是二维实体模型,它不但包含边的信息,还有边界内的信息。可以利用这些信息计算工程属性,如面积、质心、惯性等。

在 AutoCAD 2010 中,选择"工具→查询→面域/质量特性"命令(MASSPROP),然后选择面域对象,按 Enter 键,系统将自动切换到 AutoCAD 文本窗口,如图 5.3 所示,显示面域对象的数据特性。

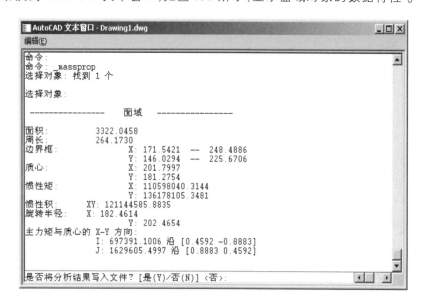

图 5.3 AutoCAD 文本窗口

5.3

图案填充与颜色渐变

1. 使用"图案填充"选项卡

要重复绘制某些图案以填充图形中的一个区域,从而表达该区域的特征,这种填充操作称为图案填充。图案填充的应用非常广泛,例如,在机械工程图中,可以用图案填充表达一个剖切的区域,也可以使用不同的图案填充来表达不同的零部件或者材料。

2. 在封闭区域进行图案填充

命令:BHATCH。

单击"绘图"工具栏上的"图案填充"按钮 ,或选择"绘图→图案填充"命令,即执行"BHATCH"命令,AutoCAD 弹出图 5.4 所示的"图案填充和渐变色"对话框。

图 5.4　"图案填充和渐变色"对话框

3. 使用孤岛检测

"孤岛检测"复选框确定是否进行孤岛检测以及孤岛检测的方式。"边界保留"选项组用于指定是否将填充边界保留为对象,并确定其对象类型,如图 5.5 所示。

图 5.5　孤岛检测

AutoCAD 2010 允许将实际上并没有完全封闭的边界用作填充边界。如果在"允许的间隙"文本框中指定了值,该值就是 AutoCAD 2010 确定填充边界时可以忽略的最大间隙,即如果边界有间隙,且各间隙均小于或等于设置的允许值,那么这些间隙均会被忽略,AutoCAD 2010 将对应的边界视为封闭边界。

如果在"允许的间隙"编辑框中指定了值,当通过"拾取点"按钮指定的填充边界为非封闭边界且边界间隙小于或等于设定的值时,AutoCAD 2010 会打开如图 5.6 所示的"图案填充-开放边界警告"对话框,如果单击"继续填充此区域",AutoCAD 2010 将对非封闭图形进行图案填充。

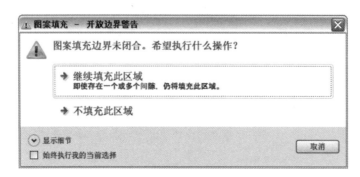

图 5.6　"图案填充-开放边界警告"对话框

4. 建立关联图案填充

单击"修改"工具栏上的"编辑图案填充"按钮 ![icon],或选择"修改→对象→图案填充"命令,即执行"HATCHEDIT"命令,AutoCAD 2010 提示:选择关联填充对象。

在该提示下选择已有的填充图案,AutoCAD 2010 弹出如图 5.7 所示的"图案填充编辑"对话框。

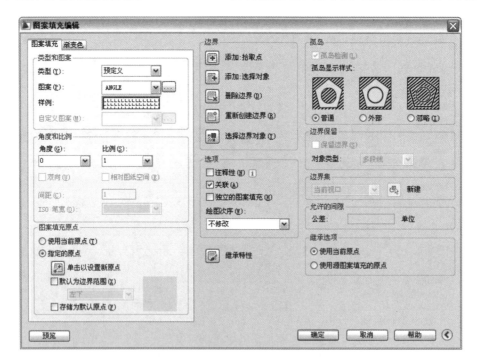

图 5.7　"图案填充编辑"对话框

对话框中只有以正常颜色显示的选项用户才可以操作。该对话框中各选项的含义与"图案填充和渐变色"对话框中各对应项的含义相同。利用此对话框,用户就可以对已填充的图案进行诸如更改填充图案、填充比例、旋转角度等操作。

5. 渐 变 色 填 充

使用渐变填充对封闭区域或选定对象进行填充。选择渐变填充会出现渐变填色面板,在该面板中可以选择单色或双色渐变,以及渐变的类型,如图5.8所示。

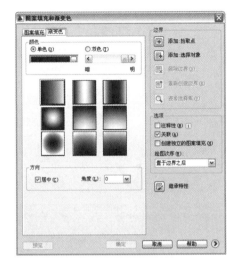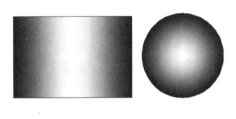

图 5.8　图案渐变色填充

5.4
典 型 实 例

5.4.1　实例一　地板拼花造型

步骤 1:在"绘图"工具栏中单击"矩形"工具 ⬚ ,绘制长宽均为 1250 mm 的矩形,如图 5.9 所示。

步骤 2:在"绘图"工具栏中单击"偏移"工具 ⬚ ,先将矩形向内偏移 50 mm,然后再用"直线"工具 ⬚ ,连接小矩形对角线,如图 5.10 所示。

步骤 3:在"绘图"工具栏中选择"矩形"工具 ⬚ ,捕捉大矩形和小矩形的顶点,在四个角上绘制小矩形,然后选择"圆"工具 ⬚ ,捕捉对角线的交点为圆心,绘制半径为 150 mm 的小圆,如图 5.11 所示。

步骤 4:在"绘图"工具栏中选择"多边形"工具 ⬚ ,输入边数为 4,然后捕捉对角线的交点为圆心,绘制圆形的内接四边形。然后使用"修剪"工具 ⬚ ,修剪内部,如图 5.12 所示。

步骤 5:在"绘图"工具栏中选择"直线"工具 ⬚ ,分别捕捉四个角的对角线的中点,并连接圆与线的交点,如图 5.13 所示。

图5.9　绘制矩形

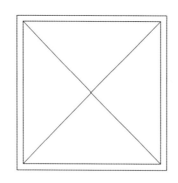

图5.10　绘制矩形对角线

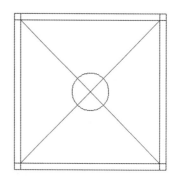

图5.11　绘制圆形

步骤6：在"绘图"工具栏中选择"直线"工具，分别捕捉大矩形的中点，并连接到相对边的中点，如图5.14所示。

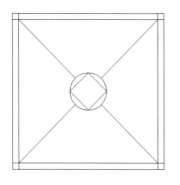

图5.12　绘制中心图形

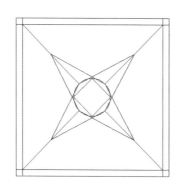

图5.13　绘制直线

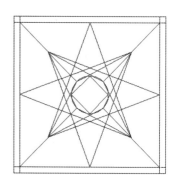

图5.14　连接中点

步骤7：在"修改"工具栏中选择"修剪"工具，将多余的线修剪掉，如图5.15所示。

步骤8：在"绘图"工具栏中选择"图案填充"工具，在弹出的"图案填充和渐变色"对话框中选择"AR-SAND"网格图案，然后将比例设为5，填充效果如图5.16所示。

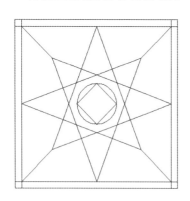

图5.15　修剪多余图线

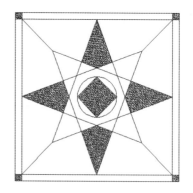

图5.16　填充图案

5.4.2　实例二　电视柜立面装饰造型

步骤1：在"绘图"工具栏中选择"直线"工具，打开正交绘图，绘制长为3570 mm的水平直线，然后过直线左端 150 mm 处向上绘制长为 2600 mm 的直线,然后使用"偏移"工具 🔩,分别将水平直线向上偏移 500 mm,垂直直线向右偏移 2900 mm,然后将右侧相交的线用"修剪"工具 ✂️ 修剪掉,如图 5.17 所示。

步骤 2:继续使用"偏移"工具 🔩,将矩形上面的边向下偏移 25 mm,底面的边向上偏移 50 mm,多余的修剪掉,如图 5.18 所示。

步骤 3:在"修改"工具栏中使用"偏移"工具 🔩,将左边的边向右偏移 15 mm,然后将直线两端修剪掉,选择边继续向右侧偏移 450 mm、15 mm、450 mm、15 mm、800 mm,分别作为柜门,然后选择左边两节柜门复制到右侧,如图 5.19 所示。

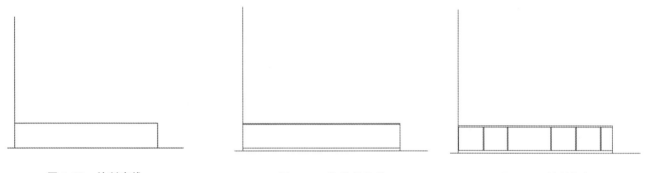

图 5.17　绘制直线　　　　　图 5.18　偏移并修剪　　　　　图 5.19　绘制柜门

步骤 4:在"绘图"工具栏中使用"直线"工具 ✏️,连接中间大矩形的中线,分别向两侧偏移 12.5 mm,然后将中线删除,绘制出中间柜子的隔板,如图 5.20 所示。

步骤 5:在"绘图"工具栏中使用"直线"工具 ✏️ 关闭正交,然后连接柜门的端点和中点,在左边柜门绘制出菱形轮廓,选中菱形斜线复制到右侧的柜子。选中"复制"工具 🔖,选中柜子右边的边向左连续复制,并用"修剪"工具 ✂️,修剪掉多余的线,如图 5.21 所示。

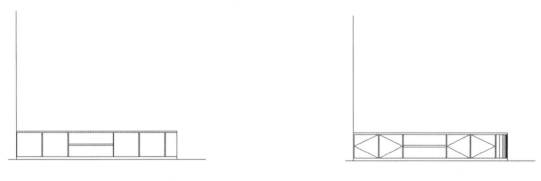

图 5.20　绘制中间柜子隔板　　　　　　　　图 5.21　绘制柜线

步骤 6:在"绘图"工具栏中使用"图案填充"工具 📐,在弹出的"图案填充和渐变色"对话框中选择"AR-CONC"网格图案,将比例设为 10,填充中间矩形;选择"ANSI32"网格图案,将比例设为 200,填充到两侧的柜门,如图 5.22 所示。

步骤 7:在"修改"工具栏中使用"偏移"工具 🔩,将底边向上偏移 2550 mm,然后选择右边,依次向右侧偏移 620 mm、620 mm、620 mm 和 950 mm,如图 5.23 所示。

步骤 8:在"修改"工具栏中使用"偏移"工具 🔩,选中顶边向下偏移 512 mm,连续偏移三次,修剪掉多余的线,如图 5.24 所示。

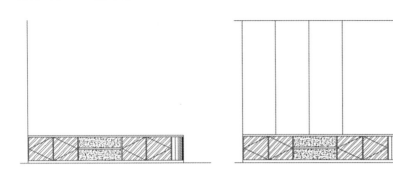
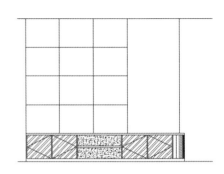

图 5.22　图案填充柜门　　　　　图 5.23　偏移背景线　　　　　图 5.24　偏移线

步骤 9:选择"插入块"工具 🚚,分别插入电视、画框和工艺品,并摆放好。在"绘图"工具栏中使用"直线"工具 ✏️,关闭正交,在电视背后的墙面上绘制一些斜线,绘制出图 5.25 所示的效果。

步骤 10:在"绘图"工具栏中使用"直线"工具 ✏️ 和"样条曲线"工具 〰️,在右侧绘制斜线,如图 5.26 所示。

图 5.25　插入块

图 5.26　绘制斜线

5.4.3　实例三　家具模型——床

步骤 1:在"绘图"工具栏中选择"矩形"工具 ▭,在视图中确定一点绘制一个长为 1800 mm、宽为 2000 mm 的床的轮廓,然后再用"绘图"工具栏中"偏移"工具 ⬒,将矩形顶边向下偏移 450 mm,如图 5.27 所示。

步骤 2:在"修改"工具栏中选择"圆角"工具 ◖,将矩形下面两个角倒半径为 50 mm 的圆角,如图 5.28 所示。

步骤 3:在"绘图"工具栏中选择"矩形"工具 ▭,绘制长为 795 mm、宽为 288 mm 的矩形作为枕头,然后再用"绘图"工具栏中"矩形"工具 ▭,绘制床头柜 550 mm 、450 mm,然后再用"偏移"工具 ⬒ 将矩形向内偏移 28 mm,如图 5.29 所示。

步骤 4:在"绘图"工具栏中选择"直线"工具 ✏️,绘制出矩形的中线,然后再用"圆"工具 ⊙,以中线的交点为圆心绘制半径为 140 mm、100 mm 的两个正圆,如图 5.30 所示。

图 5.27　绘制床的轮廓　　　　图 5.28　床的边缘倒角　　　　图 5.29　绘制床头柜与枕头

步骤 5:在"修改"工具栏中选择"镜像"工具，将枕头和床头柜镜像复制到右侧,如图 5.31 所示。

步骤 6:在"绘图"工具栏中选择"多段线"工具，绘制出被子的轮廓,如图 5.32 所示。

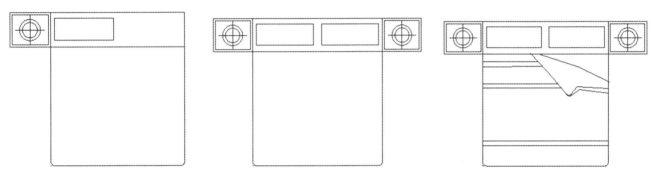

图 5.30　绘制床头灯　　　　图 5.31　镜像复制枕头和床头柜　　　　图 5.32　绘制多段线

步骤 7:在"绘图"工具栏中选择"矩形"工具，绘制长为 2800 mm、宽为 1400 mm 的矩形,然后再用"偏移"工具将矩形向内偏移 150 mm、80 mm,绘制如图 5.33 所示的地毯。

步骤 8:在"绘图"工具栏中选择"图案填充"工具，在弹出的"图案填充和渐变色"对话框中选择"HOUND"网格图案,然后将角度设为 45°,比例设为 500,选择"MUDST"网格图案,将角度设为 0°,比例设为 500,选择床下面的地毯,将编辑好的图案填充到矩形内,如图 5.34 所示。

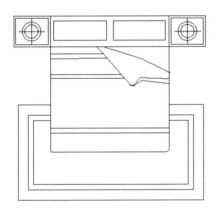

图 5.33　绘制地毯

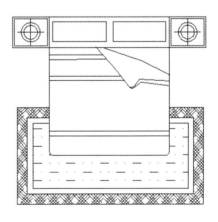

图 5.34　填充地毯图案

本 章 小 结

　　本章介绍了 AutoCAD 2010 的填充图案功能。通过本章学习,用户可以了解面域与图案填充,掌握图案填充的设置方法和编辑方法,能运用图案填充命令来实现图样的填充,能在已经绘制好的填充图案上进行熟练编辑等,学习典型案例的操作步骤。

第6章

图块的操作

TUKUAI DE CAOZUO

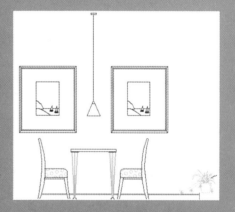

★ 学前指导

理论知识：学会使用图块命令并定义图块,掌握图块的定义和块的属性。

重点知识：AutoCAD 2010 中块的定义与块的属性。

难点知识：典型实例的操作。

使用 AutoCAD 2010 进行绘图时,常常需要重复使用一些自己绘制的图形，或者是其他 AutoCAD 2010 图形文件中的图形。如果每个图形都重新绘制,就会浪费大量的时间,同时还会占用大量的存储空间。如果把这些图形定义为一个图块(图块是一个整体),插入到图形中不同的位置,既节省了绘图时间,又节省了存储空间。

本章主要介绍 AutoCAD 2010 的块、块的属性等,同时介绍一些使用方法。利用 AutoCAD 2010 的块及属性功能,可以大大提高绘图效率。

6.1
图块及定义

将一个或多个单一的实体对象整合为一个对象,这个对象就是图块。

块是组成复杂对象的一组对象的集合。一旦一组对象组合成块,这组对象就被赋予一个块名,用户可根据作图需要将块插入到图中任意给定的位置,而且在插入时还可以指定不同的比例系数和旋转角度。

6.1.1 图块的特点

图块中的各实体可以具有各自的图层、线性、颜色等特征。在应用时,图块作为一个独立的、完整的对象进行操作,可以根据需要按一定比例和角度将图块插入到需要的位置。

6.1.2 定义图块

在"快速访问"工具栏选择"显示菜单栏"命令,在弹出的菜单中选择"绘图→块→创建"命令(BLOCK),或在"功能区"选项板中选择"常用"选项卡,在"块"面板中单击"创建"按钮 ,打开"块定义"对话框,如图6.1所示,可以将已绘制的对象创建为块。

6.1.3 保存图块

在 AutoCAD 2010 中,使用"WBLOCK"命令可以将块以文件的形式写入磁盘。执行"WBLOCK"命令将打开"写块"对话框。

图 6.1 "块定义"对话框

在该对话框的"源"选项区域中,可以设置组成块的对象来源,各选项的功能说明如下。

"块"单选按钮:用于将使用"BLOCK"命令创建的块写入磁盘,可在其后的下拉列表框中选择块名称。

"整个图形"单选按钮:用于将全部图形写入磁盘。

"对象"单选按钮:用于指定需要写入磁盘的块对象。选择该单选按钮时,用户可根据需要使用"基点"选项区域设置块的插入基点位置,使用"对象"选项区域设置组成块的对象。

6.1.4 插入图块

在"快速访问"工具栏选择"显示菜单栏"命令,在弹出的菜单中选择"插入→块"命令,或在"功能区"选项板中选择"常用"选项卡,在"块"面板中单击"插入"按钮,将打开"插入"对话框,如图 6.2 所示。使用该对话框,可以在图形中插入块或其他图形,在插入的同时还可以改变所插入块或图形的比例与旋转角度。

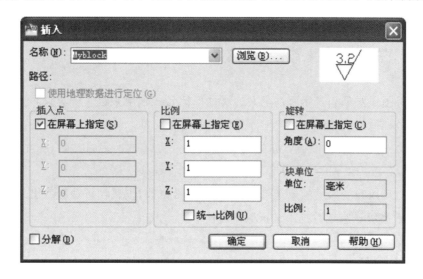

图 6.2 "插入"对话框

6.2
确定新基点

在"快速访问"工具栏选择"显示菜单栏"命令,在弹出的菜单中选择"绘图→块→基点"命令(BASE) 或在"功能区"选项板中选择"常用"选项卡,在"块"面板中单击"设置基点"按钮,都可以设置当前图形的插入基点。当把某一图形文件作为块插入时,系统默认将该图的坐标原点作为插入点,这样往往会给绘图带来不便。这时就可以使用"基点"命令,对图形文件指定新的插入基点。

6.3
图 块 属 性

在 AutoCAD 2010 中,用户可以在图形绘制完成后(甚至在绘制完成前),使用"ATTEXT"命令将块属性数据从图形中提取出来,并将这些数据写入到一个文件中,这样就可以从图形数据库文件中获取块数据信息了。块属性具有以下特点。

(1) 块属性由属性标记名和属性值两部分组成。例如,可以把"Name"定义为属性标记名,而具体的姓名"Mat"就是属性值,即属性。

(2) 定义块前,应先定义该块的每个属性,即规定每个属性的标记名、属性提示、属性默认值、属性的显示格式(可见或不可见)及属性在图中的位置等。一旦定义了属性,该属性以其标记名将在图中显示出来,并保存有关的信息。

(3) 定义块时,应将图形对象和表示属性定义的属性标记名一起用来定义块对象。

(4) 插入有属性的块时,系统将提示用户输入需要的属性值。插入块后,属性用它的值表示。因此,同一个块在不同点插入时,可以有不同的属性值。如果属性值在属性定义时规定为常量,系统将不再询问它的属性值。

(5) 插入块后,用户可以改变属性的显示可见性,对属性做修改,把属性单独提取出来写入文件,以供统计、制表使用,还可以与其他高级语言或数据库进行数据通信。

6.3.1 定义块属性

在"快速访问"工具栏选择"显示菜单栏"命令,在弹出的菜单中选择"绘图→块→定义属性"命令(ATTDEF)

，或在"功能区"选项板中选择"常用"选项卡,在"属性"面板中单击"定义属性"按钮,可以使用打开的"属性定义"对话框创建块属性,如图 6.3 所示。

图 6.3 "属性定义"对话框

6.3.2 编辑属性定义

在"快速访问"工具栏选择"显示菜单栏"命令,在弹出的菜单中选择"修改→对象→文字→编辑"命令(DDE-DIT),单击块属性,或直接双击块属性,打开"增强属性编辑器"对话框。在"属性"选项卡的列表中选择文字属性,然后在下面的"值"文本框中可以编辑块中定义的标记和值属性,如图 6.4 所示。

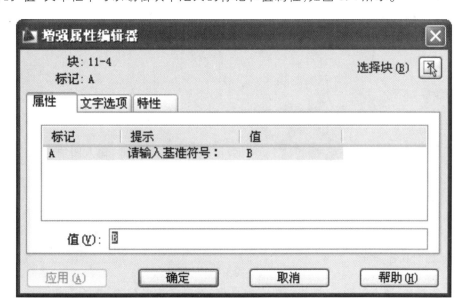

图 6.4 "增强属性编辑器"对话框

6.3.3 编辑图块中的属性

在"快速访问"工具栏选择"显示菜单栏"命令,在弹出的菜单中选择"修改→对象→属性→块属性管理器"命令(BATTMAN)  ,或在"功能区"选项板中选择"插入"选项卡,在"属性"面板中单击"管理"按钮,都可打开"块属性管理器"对话框,可在其中管理块中的属性,如图6.5所示。

图 6.5 "块属性管理器"对话框

6.4
典 型 实 例

图块实例操作步骤如下。

步骤1:在"块"中选择"创建" 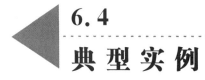 ,弹出"块定义"对话框,输入图块名称"椅子",如图6.6所示。

单击"选择对象"按钮,如图6.7所示。

然后选择椅子,如图6.8所示。

步骤2:在"块"中选择"插入"  ,弹出"插入"对话框,选择图块名称为"桌子",如图6.9所示。

接着插入图块名称为"椅子",用"修改"中的"镜像"命令镜像椅子图块,如图6.10所示。

图 6.6 "块定义"对话框

图 6.7 单击"选择对象"按钮

图 6.8 选择椅子

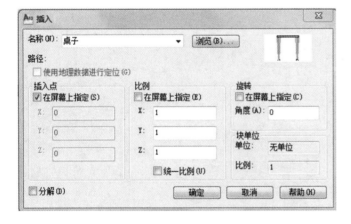

图 6.9 "插入"对话框

图 6.10 镜像椅子图块

步骤3:在"块"中选择"插入" ,在弹出的"插入"对话框中分别插入"画框""灯具"和"盆栽",如图6.11
所示。

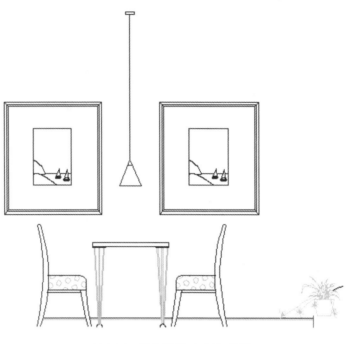

图 6.11　　插入画框、灯具和盆栽

本 章 小 结

　　本章介绍了 AutoCAD 2010 的块与属性功能。块是图形对象的集合，通常用于绘制复杂、重复的图形。通过本章的学习，用户应掌握块、属性等功能，并且对如何创建属性定义、编辑属性等有所了解。

第7章

尺寸标注

CHICUN BIAOZHU

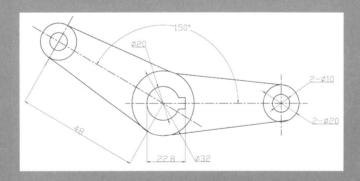

★ 学前指导

理论知识：了解尺寸标注的基本概念，熟悉各种尺寸标注的方法。

重点知识：掌握如何进行尺寸标注以及对尺寸标注进行编辑的技能。

难点知识：能够进行规范的尺寸标注。

尺寸标注是绘图设计过程中相当重要的一个环节。因为图形的主要作用是表达物体的形状，而物体各部分的真实大小和各部分之间的确切位置只能通过尺寸标注来表达。

7.1
尺寸标注的基础

AutoCAD 2010 提供了十余种具有强大功能的标注工具用以标注图形对象，可以利用"标注"工具栏和"标注"菜单进行图形尺寸标注，如图 7.1 和图 7.2 所示。

图 7.1 "标注"工具栏

快速标注(Q)

线性(L)

对齐(G)

弧长(H)

坐标(O)

半径(R)

折弯(J)

直径(D)

角度(A)

基线(B)

连续(C)

公差(T)...

圆心标记(M)

倾斜(Q)

对齐文字(X) ▶

标注样式(S)...

替代(V)

更新(U)

重新关联标注(N)

图 7.2 "标注"菜单

7.1.1 尺寸标注的组成

一个典型的 AutoCAD 2010 尺寸标注通常由尺寸线、尺寸界线(即延伸线)、尺寸箭头和尺寸文字四部分组成,如图 7.3 所示。有些尺寸标注还有引线、圆心标记和公差等要素。

为了满足不同国家和地区的需要,AutoCAD 2010 提供了一套尺寸标注系统变量,使用户可以按照自己的制图习惯和标准进行绘图。我国用户可以按照国家标准进行设置。

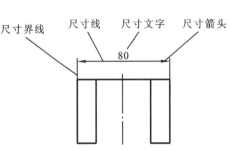

图 7.3 尺寸标注的组成

(1) 尺寸线:用来表示尺寸标注的范围。通常使用箭头来指出尺寸线的起点和端点。对于角度的标注,尺寸线为弧线。

(2) 尺寸界线:用来表示尺寸线的开始和结束的位置,从标注物体的两个端点处引出两条线段表示尺寸标注范围的界限。

(3) 尺寸箭头:用来表示尺寸测量的起始和终止位置。"箭头"是广义概念,AutoCAD 2010 提供各种箭头,也可以用短线、点或其他标记代替尺寸箭头。

(4) 尺寸文字:用来表示实际的测量值。测量值可以是 AutoCAD 2010 系统计算的值,也可以是用户指定的值,也可以取消标注文字。

7.1.2 尺寸标注的关联性

所谓尺寸标注关联性是指尺寸标注的文本、线条或圆弧是否独立于被标注的对象,即当被标注的对象比例发生变化时,这些属性值是否会随之改变。如果改变则尺寸标注具有关联性,反之则不具有。

AutoCAD 2010 系统默认的尺寸标注是具有关联性的,即当被标注的对象尺寸发生变化时,尺寸标注也随之改变。DIMASSOC 系统变量可以控制其后创建的新尺寸标注对象的关联性。其值为 0、1、2,初始值为 2,其值具体含义如下。

(1) 0:创建分解的尺寸标注。直线、圆弧、箭头和标注的文字均作为独立的对象绘制。

(2) 1:创建一般的、与图线不关联的尺寸标注。

(3) 2:创建与标注的图形对象相关联的尺寸标注。如果几何对象上的关联点发生移动,那么标注位置、方向和值将更新。

要注意的是,这些都只对新建标注有用,并不能修改已有标注。

7.2
创建与管理尺寸标注

使用标注样式可以控制尺寸标注的格式和外观,建立和强制执行图形的绘图标准,这样做有利于对标注格式及用途进行修改。在 AutoCAD 2010 中,默认的当前样式是国际标准化组织的 ISO-25 样式,用户也可以创建其他样式并将其设置为当前样式。用户可以选择"格式→标注样式"命令,在"标注样式管理器"对话框中创建和设置标注样式。

7.2.1　新建尺寸标注样式

1. 执行方式

命令行:DIMSTYLE(或 D、DDIM、DIMSTY 等)。

菜单栏:选择"格式→标注样式"或"标注→标注样式"命令。

工具栏:单击"标注样式"按钮 。

2. 操作步骤

执行"格式→标注样式"或"标注→标注样式"命令,则会打开"标注样式管理器"对话框,如图 7.4 所示。

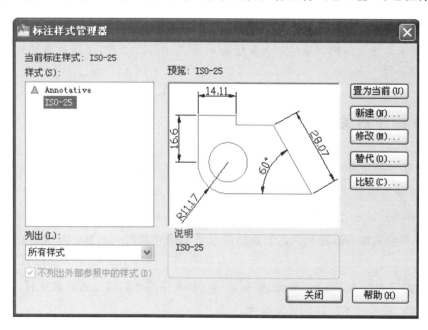

图 7.4　"标注样式管理器"对话框

3. 选项说明

● "置为当前"按钮:把"样式"列表框中选中的样式设置为当前样式。

● "新建"按钮:定义一个新的尺寸标注样式。

单击"标注样式管理器"对话框中的 新建 (N)... 按钮,会弹出"创建新标注样式"对话框,利用该对话框即可新建标注样式,如图 7.5 所示。其中各项的功能说明如下。

(1)"新样式名":用于输入新标注样式的名称。

(2)"基础样式":用于选择一种基础样式,新样式将在该基础样式上进行修改。如果没有创建过新样式,系统将使用 ISO-25 作为基础样式。基础样式和新样式之间没有联系。

(3)"注释性":对图形加以注释的对象的特性。该特性使用户可以自动完成注释缩放过程。

(4)"用于":指定新建标注样式的适用范围,可适用的范围有"所有标注""线性标注""角度标注""半径标

图 7.5 "创建新标注样式"对话框

注""直径标注""坐标标注"以及"引线和公差"等。

●"修改"按钮:修改一个已经存在的尺寸标注类型。单击此按钮,会弹出"修改标注样式"对话框,该对话框中的各选项与"创建新标注样式"对话框中的完全一致,可以对已有的标注样式进行修改。

●"替代"按钮:设置临时覆盖尺寸标注样式。用户可以改变选项的设置来覆盖最初的设置,但这种修改只对指定的尺寸标注起作用,而不影响当前尺寸变量的设置。

●"比较"按钮:比较两个尺寸标注样式在参数上的区别或浏览一个尺寸标注样式的参数设置。

7.2.2 设置尺寸标注样式

设置了新标注样式的名称、基础样式和适用范围后,单击对话框中的 继续 按钮将打开"新建标注样式"对话框,如图 7.6 所示。利用该对话框用户可以对新建的标注样式进行具体的设置。创建标注样式包括以下内容。

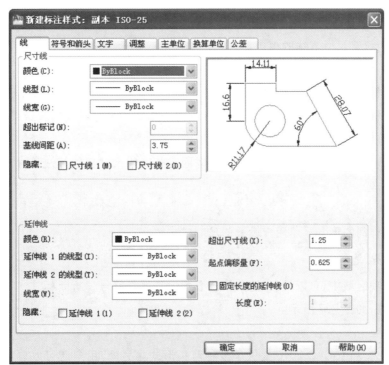

图 7.6 "新建标注样式"对话框

"线"选项卡:设置尺寸线、尺寸界线的格式与位置。

"符号和箭头"选项卡:设置箭头的样式和圆心标记的格式与位置。

"文字"选项卡:设置标注文字的外观、位置和对齐方式。

"调整"选项卡:设置文字与尺寸线的管理规则以及标注特征比例。

"主单位"选项卡:设置主单位的格式与精度。

"换算单位"选项卡:设置换算单位的格式和精度。

"公差"选项卡:设置公差值的格式和精度。

1. 设置"线"选项

在"线"选项区域中,可以设置尺寸标注的尺寸线、尺寸界线。

1)"尺寸线"选项组

在"尺寸线"选项组中设置尺寸线的特性。其中各选项的含义如下。

"颜色"下拉列表框:用于设置尺寸线的颜色,默认情况下尺寸线的颜色为 ByBlock,也可以使用变量"DIM-CLRD"进行尺寸线颜色的设置。

"线型"下拉列表框:用于设置尺寸线的线型,该选项没有对应的变量。

"线宽"下拉列表框:用于设置尺寸线的宽度,默认情况下尺寸线的线宽也是"ByBlock",也可以使用变量"DIMLWD"进行设置。

"超出标记"微调框:当尺寸线的箭头采用"倾斜""建筑标记""小点""积分"或"无标记"等样式时,使用该文本框可以设置尺寸线超出尺寸界线的长度。

"基线间距"微调框:进行基线尺寸标注,也就是可以设置各尺寸线之间的距离。

"隐藏"复选框组:通过复选"尺寸线 1"项或"尺寸线 2"项,可以隐藏第一段或第二段尺寸线及其相应的箭头。

2)"尺寸界线"选项组(即"延伸线"选项组)

"延伸线"选项组用于确定尺寸界线的样式,其中各项的含义如下。

"颜色"下拉列表框:设置尺寸界线的颜色。

"线宽"下拉列表框:设置尺寸界线的宽度。

"超出尺寸线"微调框:确定尺寸界线超出尺寸线的距离。

"起点偏移量"微调框:确定尺寸界线的实际起始点相对于指定的尺寸界线的起始点的偏移量。

"隐藏"复选框组:确定是否隐藏尺寸界线。

"固定长度的延伸线"复选框:选中该复选框,系统以固定长度的尺寸界线标注尺寸。可以在后面的"长度"微调框中输入长度值。

3)尺寸样式显示框

尺寸样式显示框以样例的形式显示用户设置的尺寸样式。

2. 设置"符号和箭头"选项

在"符号和箭头"选项区域中,可以设置"箭头""圆心标记""弧长符号""折断标注""半径折弯标注"和"线性折弯标注"的格式与位置,如图 7.7 所示。

1)"箭头"选项组

设置尺寸箭头的形式,AutoCAD 2010 提供了多种箭头形式。另外,用户还可以自定义箭头形状。两个尺寸箭头可以采用相同形式,也可以采用不同形式,通常情况下尺寸线的两个箭头应一致。

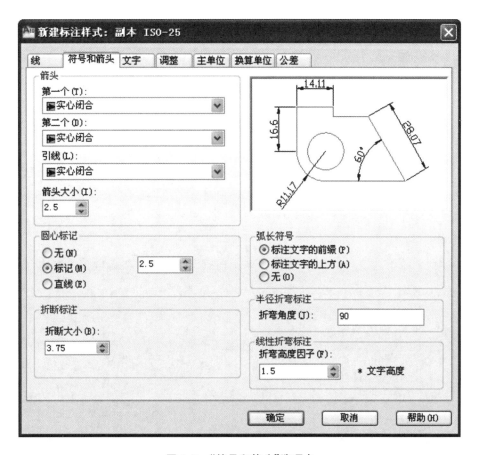

图7.7 "符号和箭头"选项卡

"第一个"下拉列表框:用于设置第一个尺寸箭头的形式。一旦确定了第一个箭头的类型,第二个箭头则自动与其匹配,要想第二个箭头取不同的形状,可以在"第二个"下拉列表框中设定。

"第二个"下拉列表框:确定第二个尺寸箭头的形式,可以与第一个箭头不同。

"引线"下拉列表框:确定引线箭头的形式,与"第一个"设置类似。

"箭头大小"微调框:设置箭头的大小。

2)"圆心标记"选项组

在"圆心标记"选项组,可以设置半径标注、直径标注和中心标注中的中心标记和中心线的形式。其中各项含义如下。

"无"单选框:既不产生中心标记,也不产生中心线。

"标记"单选框:中心标记为一个记号。

"直线"单选框:中心标记采用中心线的形式。

3)"折断标注"选项组

"折断大小"微调框:设置中心标记和中心线的大小及粗细。

4)"弧长符号"选项组

"弧长符号"选项组控制弧长标注中圆弧符号的显示,有三个单选项。

"标注文字的前缀"单选框:将弧长符号放在标注文字的前面,如图7.8(a)所示。

"标注文字的上方"单选框:将弧长符号放在标注文字的上方,如图7.8(b)所示。

"无"单选框:不显示弧长符号,如图7.8(c)所示。

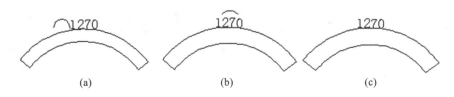

(a)   (b)   (c)

图 7.8　弧长符号

5)"半径折弯标注"选项组

控制折弯("Z"字形)半径标注的显示。折弯半径标注一般在中心点位于页面外部时创建。

"折弯角度"文本框:输入连接半径标注的尺寸界线和尺寸线的横向直线角度,如图 7.9 所示。

6)"线性折弯标注"选项组

可设置线性标注折弯的显示。

"折弯高度因子"文本框中,通过形成折弯角度的两个顶点之间的距离来确定折弯高度,如图 7.10 所示。

图 7.9　折弯角度　　　　　　　　　　　　　图 7.10　折弯高度因子

3. 设置"文字"选项

在"文字"选项区域中,用户可以设置标注文字的外观、位置和对齐方式,如图 7.11 所示。

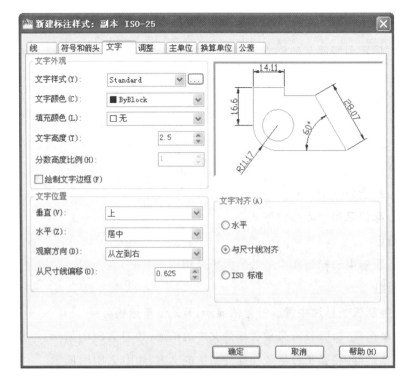

图 7.11　"文字"选项卡

1）"文字外观"选项组

在"文字外观"选项区域中，用户可以设置文字的样式、颜色、高度和分数高度比例，以及控制是否绘制文字边框。各选项的功能说明如下。

"文字样式"下拉列表框：用于选择标注的文字样式，也可以单击其后的 按钮打开"文字样式"对话框，选择"文字样式"或"新建文字样式"。此外，还可以利用变量"DIMTXSTY"进行设置。

"文字颜色"下拉列表框：用于设置标注文字的颜色，也可以用变量"DIMCLRT"进行设置。

"文字高度"文本框：用于设置标注文字的高度，也可以用变量"DIMTXT"进行设置。

"分数高度比例"文本框：用于设置标注文字中的分数相对于其他标注文字的比例。AutoCAD 2010 会将该比例值与标注文字高度的乘积作为分数的高度。

"绘制文字边框"复选框：用于设置是否给标注文字加边框。

2）"文字位置"选项组

在"文字位置"选项区域中，用户可以设置文字的垂直、水平位置以及距尺寸线的偏移量。

"垂直"下拉列表框：用于设置标注文字相对于尺寸线在垂直方向的位置。其中选择"置中"选项，可以把标注文字放在尺寸线中间；选择"上方"选项，可以把标注文字放在尺寸线的上方；选择"外部"选项，可以把标注文字放在远离第一定义点的尺寸线一侧；选择"JIS"选项，则按 JIS 规则放置标注文字。此外，用户也可以使用变量"DIMTAD"进行设置，其对应值分别为 0、1、2、3，如图 7.12 所示。

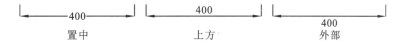

图 7.12　文字垂直位置的 3 种形式

"水平"下拉列表框：用于设置标注文字相对于尺寸线和尺寸界线在水平方向的位置，其中有"置中""第一条尺寸界线""第二条尺寸界线""第一条尺寸界线上方"及"第二条尺寸界线上方"等选项。图 7.13 显示了上述各位置的情况。此外，用户也可利用变量"DIMJUST"进行设置，其对应值分别为 0、1、2、3、4。

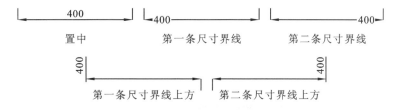

图 7.13　文字水平位置

"从尺寸线偏移"文本框：用于设置标注文字与尺寸线之间的距离。如果标注文字位于尺寸线的中间，则表示尺寸线断开处的端点与尺寸文字的间距；若标注文字带有边框，则可控制文字边框与其中文字的距离。

3）"文字对齐"选项组

在"文字对齐"选项区域中，可以设置标注文字是保持水平还是与尺寸线平行。其中三个选项的含义如下。

"水平"单选按钮：使标注文字水平放置，如图 7.14 所示。

"与尺寸线对齐"单选按钮：使标注文字方向与尺寸线方向一致，如图 7.15 所示。

"ISO 标准"单选按钮：使标注文字按 ISO 标准放置。当标注文字在尺寸界线之内时它的方向与尺寸线方向一致，而在尺寸界线之外时则水平放置，如图 7.16 所示。

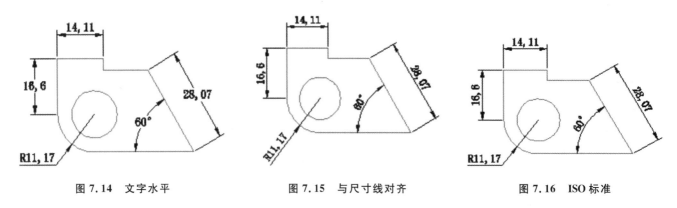

图 7.14 文字水平   图 7.15 与尺寸线对齐   图 7.16 ISO 标准

4. 设置"调整"选项

在"调整"选项区域中,用户可以设置标注文字、尺寸线和尺寸箭头的位置,如图 7.17 所示。

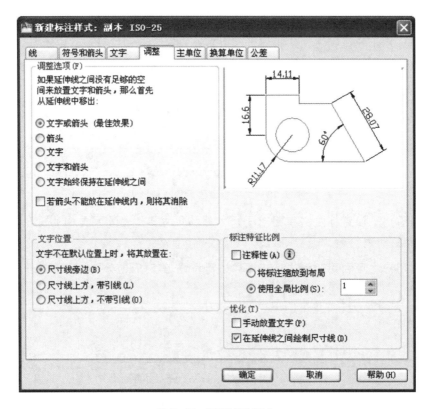

图 7.17 "调整"选项卡

1)"调整选项"选项组

在"调整选项"选项区域中,用户可以确定当尺寸界线之间没有足够的空间来同时放置标注文字和箭头时,应首先从尺寸界线之间移出的对象。该选项区域中各个选项的含义如下。

"文字或箭头(最佳效果)"单选按钮:单选此项,由 AutoCAD 2010 按最佳效果自动移出文字或箭头。

"箭头"单选按钮:单选此项,首先将箭头移出。

"文字"单选按钮:单选此项,首先将文字移出。

"文字和箭头"单选按钮:单选此项,将文字和箭头都移出。

"文字始终保持在延伸线之间"单选按钮:单选此项,可将文字始终保持在尺寸界线之内,相关的标注变量为"DIMTIX"。

"若箭头不能放在延伸线内,则将其消除"复选框:复选该项可以抑制箭头显示,也可以使用变量"DIM-SOXD"设置。

2)"文字位置"选项组

在"文字位置"选项区域中,可以设置当文字不在默认位置时的位置。其中各个选项的含义如下。

"尺寸线旁边"单选按钮:单选此项,可将文字放在尺寸线旁边。

"尺寸线上方,带引线"单选按钮:单选此项,可将文字放在尺寸线的上方,并加上引线。

"尺寸线上方,不带引线"单选按钮:单选此项,可将文字放在尺寸线的上方,但不加引线。

3)"标注特征比例"选项组

在"标注特征比例"选项区域中,用户可以设置标注尺寸的特征比例,以便设置全局比例因子来增加或减少各标注的大小。其中各个选项的含义如下。

"使用全局比例"单选按钮:单选此项,可对全部尺寸标注设置缩放比例,该比例不改变尺寸的测量值。也可使用变量"DIMSCALE"进行设置。

"将标注缩放到布局"单选按钮:单选此项,根据当前模型空间视口与图纸空间之间的缩放关系设置比例。

4)"优化"选项组

在"优化"选项区域中,用户可以对标注文字和尺寸线进行细微调整。该选项区域包括以下两个复选框。

"手动放置文字"复选框:复选此项,则忽略标注文字的水平设置,在标注时将标注文字放置在用户指定的位置。

"在尺寸界线之间绘制尺寸线"复选框:复选此项,当尺寸箭头放置在尺寸界线之外时,也在尺寸界线之内绘制出尺寸线。

5. 设置"主单位"选项

在"主单位"选项区域中,可以设置主单位的格式与精度等属性,如图 7.18 所示。

图 7.18 "主单位"选项卡

1）"线性标注"选项组

在"线性标注"选项区域中可以设置线性标注的单位格式与精度。主要选项功能如下。

"单位格式"下拉列表框:设置除角度标注之外的其余各标注类型的尺寸单位,包括"科学""小数""工程""建筑""分数"等选项。

"精度"下拉列表框:用于设置除角度标注之外的其他标注的尺寸精度。

"分数格式"下拉列表框:当单位格式是分数时,可以设置分数的格式,包括"水平""对角"和"非堆叠"三种方式。

"小数分隔符"下拉列表框:用于设置小数的分隔符,包括"逗点""句点"和"空格"三种方式。

"舍入"文本框:用于设置除角度标注外的尺寸测量值的舍入值。

"前缀"和"后缀"文本框:用于设置标注文字的前缀和后缀,在相应的文本框中输入字符即可。

"测量单位比例"选项区域:使用"比例因子"文本框可以设置测量尺寸的缩放比例,AutoCAD 2010 的实际标注值为测量值与该比例的积;选中"仅应用到布局标注"复选框,可以设置该比例关系是否适用于布局。

2）"消零"选项组

在"消零"选项区域中可以设置是否显示尺寸标注中的"前导"和"后续"零。

3）"角度标注"选项组

在"角度标注"选项区域中,用户可以选择"单位格式"下拉列表框中的选项来设置标注角度时的单位。使用"精度"下拉列表框可以设置标注角度的尺寸精度,使用"消零"选项区域可以设置是否消除角度尺寸的"前导"和"后续"零。

6. 设置"换算单位"选项

在"换算单位"选项区域中,可以设置换算单位的格式,如图 7.19 所示。

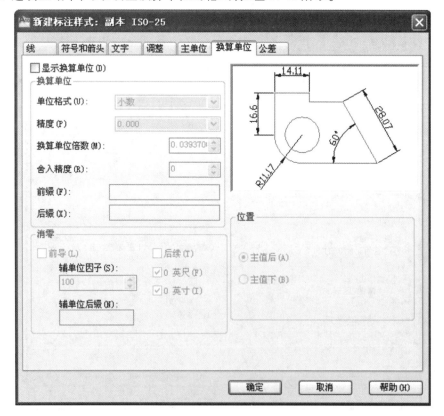

图 7.19 "换算单位"选项卡

在 AutoCAD 2010 中,通过换算标注单位可以转换使用不同测量单位制的标注。通常是显示英制标注的等效公制标注,或公制标注的等效英制标注。在标注文字中,换算标注单位显示在主单位旁边的方括号"[ ]"中,如图 7.20 所示。

"位置":设置换算单位的位置,包括"主值后"和"主值下"两种方式。

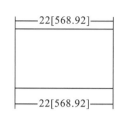

图 7.20　使用换算单位

7. 设置公差

在"公差"选项区域中,可以设置是否在尺寸标注中标注公差,以及以何种方式进行标注,如图 7.21 所示。

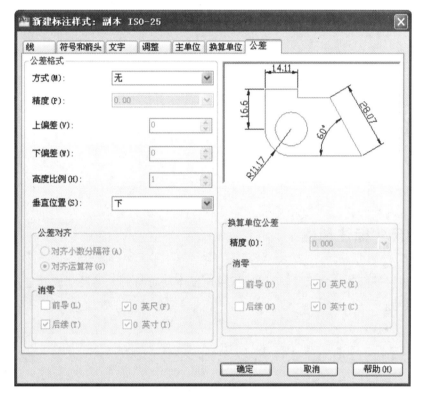

图 7.21　"公差"选项卡

1)"公差格式"选项组

在"公差格式"选项区域中,可以设置公差的标注格式,部分选项功能的含义如下。

"方式"下拉列表框:确定以何种方式标注公差,包括"无""对称""极限偏差""极限尺寸"和"基本尺寸"等选项,如图 7.22 所示。

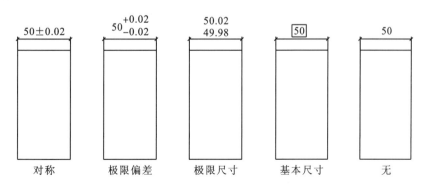

图 7.22　公差标注的方式

"精度"下拉列表框:用于设置尺寸公差的精度。

"上偏差"和"下偏差"文本框:用于设置尺寸的上偏差和下偏差,相应的系统变量分别为"DIMTP"和"DIMTM"。

"高度比例"文本框:用于确定公差文字的高度比例因子,AutoCAD 2010会将该比例因子与尺寸文字高度之积作为公差文字的高度。AutoCAD 2010会将高度比例因子储存在系统变量"DIMTFAC"中。

"垂直位置"下拉列表框:用于控制公差文字相对于尺寸文字的位置,包括"下""中"和"上"三种方式。

"消零"选项区域:用于设置是否消除公差值的"前导"或"后续"零。

2)"换算单位公差"选项组

"换算单位公差"选项区域:当标注换算单位时,可以设置换算单位的精度和是否消零。

7.3
创建长度型尺寸标注

7.3.1 线性尺寸标注创建

线性尺寸标注创建用于标注线性尺寸,可以根据用户操作自动判别水平尺寸或垂直尺寸,在指定尺寸线斜角后,可以标注斜向尺寸。

1. 执行方式

命令行:DIMLINEAR(缩写 DIMLIN)。

菜单栏:选择"标注→线性"命令。

工具栏:单击"线性标注"按钮 。

2. 操作步骤

执行命令:DIMLINEAR。

指定第一条尺寸界线原点或〈选择对象〉:

在此提示下用户可以确定一点作为第一条尺寸界线的起始点或直接按 Enter 键选择对象。

3. 选项说明

● 指定第一条尺寸界线原点:如果在"指定第一条尺寸界线原点或〈选择对象〉:"提示下指定第一条尺寸界线的起始点,命令行提示如下信息。

指定第二条尺寸界线原点:(确定另一条尺寸界线的起始点位置)
指定尺寸线位置或 [多行文字(M)/文字(T)/角度(A)/水平(H)/垂直(V)/旋转(R)]:

(1)指定尺寸线位置:用于确定尺寸线的位置。通过拖动鼠标的方式确定尺寸线的位置后,单击拾取键,AutoCAD 2010 根据自动测量出的两尺寸界线起始点间的对应距离值标注出尺寸。

(2) 多行文字(M):用于根据文字编辑器输入尺寸文字。

(3) 文字(T):用于输入尺寸文字。

(4) 角度(A):用于确定尺寸文字的旋转角度。

(5) 水平(H):用于标注水平尺寸,即沿水平方向的尺寸。

(6) 垂直(V):用于标注垂直尺寸,即沿垂直方向的尺寸。

(7) 旋转(R):用于旋转标注角度值,即标注沿指定方向的尺寸。

● 选择对象:直接按 Enter 键,即执行"〈选择对象〉"选项,命令行提示如下信息。

> 选择标注对象:
> 指定尺寸线位置或[多行文字(M)/文字(T)/角度(A)/水平(H)/垂直(V)/旋转(R)]:

对此提示的操作与前面介绍的操作相同,用户响应即可。

7.3.2 对齐尺寸标注创建

对齐标注也是标注线性尺寸,其特点是尺寸线和两条尺寸界线起点连线平行,可以标注斜线。

1. 执行方式

命令行:DIMALIGNED。

菜单栏:选择"标注→对齐"命令。

工具栏:单击"对齐"按钮 。

2. 操作步骤

执行命令:DIMALIGNED。

> 指定第一条尺寸界线原点或〈选择对象〉:

在此提示下的操作与标注线性尺寸的类似。

7.3.3 基线尺寸标注创建

基线标注是由相同的标注原点测量出来的一系列标注,必须先标注第一个尺寸后才能用此命令,如图 7.23 所示。

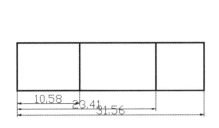
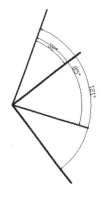

图 7.23 基线尺寸标注

1. 执行方式

命令行:DIMBASELINE。

菜单栏:选择"标注→基线"命令。

工具栏:单击"基线标注"按钮 ┌┐ 。

2. 操作步骤

执行命令:DIMBASELINE。

指定第二条尺寸界线原点或 [放弃(U) /选择(S)]〈选择〉:

3. 选项说明

● 指定第二条尺寸界线原点:确定下一个尺寸的第二条尺寸界线的起始点。确定后 AutoCAD 2010 按基线标注方式标注出尺寸,而命令行继续提示如下信息。

指定第二条尺寸界线原点或 [放弃(U) /选择(S)]〈选择〉:

此时可再确定下一个尺寸的第二条尺寸界线的起点位置。用此方式标注出全部尺寸后,在同样的提示下按 Enter 键或 Space 键,结束命令的执行。

● 选择:用于指定基线标注时作为基线的尺寸界线。执行该选项,命令行提示如下信息。

选择基准标注:

在该提示下选择尺寸界线后,AutoCAD 继续提示:

指定第二条尺寸界线原点或 [放弃(U) /选择(S)]〈选择〉:

在该提示下标注出的各尺寸均从指定的基线引出。执行基线尺寸标注时,有时需要先执行"选择"选项来指定引出基线尺寸的尺寸界线。

7.3.4 连续尺寸标注创建

连续标注用来标注尺寸线连续或链状的一组线性尺寸或角度尺寸,能够做连续的线性标注。在标注的尺寸中,相邻两尺寸线共用同一条尺寸界线,如图 7.24 所示。

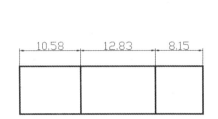
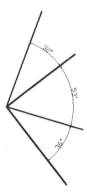

图 7.24 连续尺寸标注

1. 执行方式

命令行：DIMCONTINUE。

菜单栏：选择"标注→连续"命令。

工具栏：单击"连续标注"按钮 ┡┪┪。

2. 操作步骤

执行命令：DIMCONTINUE。

> 指定第二条尺寸界线原点或［放弃(U)/选择(S)]〈选择〉：

3. 选项说明

● 指定第二条尺寸界线原点：确定下一个尺寸的第二条尺寸界线的起始点。用户响应后，AutoCAD 2010 按连续标注方式标注尺寸，即把上一个尺寸的第二条尺寸界线作为新尺寸标注的第一条尺寸界线标注尺寸，而后命令行继续提示如下：

> 指定第二条尺寸界线原点或［放弃(U)/选择(S)]〈选择〉：

此时可再确定下一个尺寸的第二条尺寸界线的起点位置。当用此方式标注全部尺寸后，在上述同样的提示下按 Enter 键或 Space 键，结束命令的执行。

● 选择：该选项用于指定连续标注将从哪一个尺寸的尺寸界线引出。执行该选项，命令行提示如下：

> 选择连续标注：
>
> 在该提示下选择尺寸界线后，AutoCAD 会继续提示：
>
> 指定第二条尺寸界线原点或［放弃(U)/选择(S)]〈选择〉：

在该提示下标注出的下一个尺寸会以指定的尺寸界线作为其第一条尺寸界线。执行连续尺寸标注时，有时需要先执行"选择"选项来指定引出连续尺寸的尺寸界线。

7.4
创建圆弧形尺寸标注

7.4.1 弧长尺寸标注创建

弧长标注用于为圆弧标注长度尺寸。

1. 执行方式

命令行：DIMARC。

菜单栏：选择"标注→弧长"命令。

工具栏:单击"弧长标注"按钮 ⌒ 。

2．操作步骤

执行命令:DIMARC。

> 选择弧线段或多段线弧线段:(选择圆弧段)
>
> 指定弧长标注位置或［多行文字(M)/文字(T)/角度(A)/部分(P)/引线(L)］:

用户根据需要响应即可。

7.4.2　半径尺寸标注创建

半径标注为圆或圆弧标注半径尺寸。

1．执行方式

命令行:DIMRADIUS。

菜单栏:选择"标注→半径"命令。

工具栏:单击"半径标注"按钮 ◎ 。

2．操作步骤

执行命令:DIMRADIUS。

> 选择圆弧或圆:(选择要标注半径的圆弧或圆)
>
> 指定尺寸线位置或［多行文字(M)/文字(T)/角度(A)］:

如果在该提示下直接确定尺寸线的位置,AutoCAD 2010 按实际测量值标注圆或圆弧的直径。也可以通过"多行文字(M)""文字(T)"以及"角度(A)"选项确定尺寸文字和尺寸文本的旋转角度。

7.4.3　直径尺寸标注创建

直径标注用于为圆或圆弧标注直径尺寸。

1．执行方式

命令行:DIMDIAMETER。

菜单栏:选择"标注→直径"命令。

工具栏:单击"直径标注"按钮 ◎ 。

2．操作步骤

执行命令:DIMDIAMETER。

> 选择圆弧或圆:(选择要标注直径的圆或圆弧)
>
> 指定尺寸线位置或［多行文字(M)/文字(T)/角度(A)］:

如果在该提示下直接确定尺寸线的位置,AutoCAD 2010 按实际测量值标注圆或圆弧的直径。也可以通过"多行文字(M)""文字(T)"以及"角度(A)"选项确定尺寸文字和尺寸文本的旋转角度。

7.4.4 折弯尺寸标注创建

折弯标注用于为圆或圆弧创建折弯标注。

1. 执行方式

命令行:DIMJOGGED。

菜单栏:选择"标注→折弯"命令。

工具栏:单击"折弯标注"按钮。

2. 操作步骤

执行命令:DIMJOGGED。

选择圆弧或圆:(选择要标注尺寸的圆弧或圆)

指定中心位置替代:(指定折弯半径标注的新中心点,以替代圆弧或圆的实际中心点)

指定尺寸线位置或[多行文字(M)/文字(T)/角度(A)]:(确定尺寸线的位置,或进行其他设置)

指定折弯位置:(指定折弯位置)

7.4.5 角度尺寸标注创建

角度标注用于测量圆和圆弧的角度、两条直线间的角度,以及三点间的角度。

1. 执行方式

命令行:DIMANGULAR。

菜单栏:选择"标注→角度"命令。

工具栏:单击"角度标注"按钮。

2. 操作步骤

执行命令:DIMANGULAR。

选择圆弧、圆、直线或〈指定顶点〉:

3. 选项说明

如图 7.25 所示,角度标注可以对圆弧、圆、直线夹角以及标注三点确定的角度进行标准。具体选项如下。

● 选择圆弧:标注圆弧的包含角尺寸。命令行提示如下信息。

指定标注弧线位置或[多行文字(M)/文字(T)/角度(A)]:(确定尺寸线的位置或选取某一项)

如果在该提示下直接确定标注弧线的位置,AutoCAD 2010 则会按实际测量值标注出角度。另外,还可以通过"多行文字(M)""文字(T)"以及"角度(A)"等选项确定尺寸文字及其旋转角度。

● 选择圆:标注圆上某段圆弧的包含角。命令行提示如下信息。

指定角的第二个端点:(确定另一点作为角的第二个端点,该点可以在圆上,也可以不在圆上)

指定标注弧线位置或[多行文字(M)/文字(T)/角度(A)]:

如果在此提示下直接确定标注弧线的位置,AutoCAD 2010 则标注出角度值。该角度的顶点为圆心,尺寸界线(或延伸线)通过选择圆时的拾取点和指定的第二个端点。

● 选择直线:标注两条直线之间的夹角。命令行提示如下信息。

> 选择第二条直线:(选择第二条直线)
>
> 指定标注弧线位置或[多行文字(M)/文字(T)/角度(A)]:

如果在此提示下直接确定标注的位置,AutoCAD 2010 则标注这两条直线的夹角。

● 指定顶点:按 Enter 键,根据给定的三点标注出角度。命令行提示如下信息。

> 指定角的顶点:(确定角的顶点)
>
> 指定角的第一个端点:(确定角的第一个端点)
>
> 指定角的第二个端点:(确定角的第二个端点)
>
> 指定标注弧线位置或[多行文字(M)/文字(T)/角度(A)]:

如果在此提示下直接确定标注弧线的位置,AutoCAD 2010 则根据给定的三个点标注出角度。

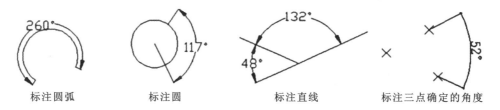

标注圆弧　　　　标注圆　　　　标注直线　　　　标注三点确定的角度

图 7.25　角度标注

7.4.6　圆心标记标注创建

可以为圆或圆弧绘圆心标记或中心线,如图 7.26 所示。

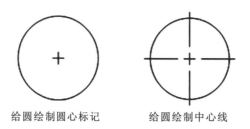

给圆绘制圆心标记　　　　给圆绘制中心线

图 7.26　圆心标记与中心线

1. 执行方式

命令行:DIMCENTER。

菜单栏:选择"标注→圆心标记"命令。

工具栏:单击"圆心标记标注"按钮 ⊕ 。

2. 操作步骤

执行命令:DIMCENTER。

> 选择圆弧或圆:

在该提示下选择圆弧或圆即可。

7.5
创建其他类型尺寸标注

7.5.1 快速尺寸标注创建

快速标注可以快速创建成组的基线、连续、阶梯和坐标标注,以及快速标注多个圆、圆弧和编辑现有标注的布局。

1. 执 行 方 式

命令行:QDIM。

菜单栏:选择"标注→快速标注"命令。

工具栏:单击"快速标注"按钮 [图标]。

2. 操 作 步 骤

执行命令:QDIM。

> 选择要标注的几何图形:(选择要标注尺寸的多个对象后按回车键)
> 指定尺寸线位置或［连续(C)/并列(S)/基线(B)/坐标(O)/半径(R)/直径(D)/基准点(P)/编辑(E)/设置(T)］〈连续〉:

在该提示下通过选择相应的选项,用户就可以进行"连续""并列""基线""坐标""半径"以及"直径"等一系列标注。

7.5.2 引线尺寸标注创建

引线标注常用于在图形中添加注释或特殊标记。用该命令可以标注公差、标注零配件图纸中的零部件序号、对某部分添加注释文字、标注斜度和锥度、标注建筑中的定位轴线等。

引线对象通常包含箭头、可选的水平基线、引线或曲线和多行文字对象或块,引线可以是直线段或平滑的样条曲线。

1. 执 行 方 式

命令行:QLEADER。

2. 操 作 步 骤

执行命令:QLEADER。

指定第一个引线点或［设置(S)］〈设置〉：

指定下一点：

指定文字宽度〈0〉：

输入注释文字的第一行〈多行文字(M)〉：

输入注释文字的下一行：

3. 选项说明

● 指定第一个引线点或［设置(S)］〈设置〉：输入"S"或者单击回车键后，会弹出如图 7.27 所示"引线设置"对话框，可以设置注释文字、引线和箭头、多行文字附着。

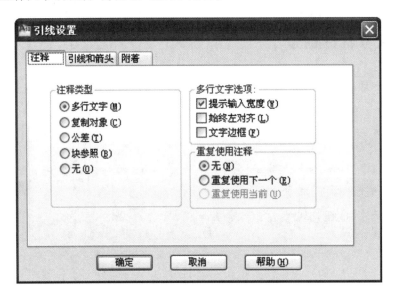

图 7.27 "引线设置"对话框

● 指定文字宽度〈0〉：设置文字宽度。

● 输入注释文字的第一行〈多行文字(M)〉：输入"M"或单击回车键后，会弹出文字格式对话框，利用多行文字格式对话框输入注释文本内容。

7.5.3 坐标尺寸标注创建

坐标标注测量原点(称为基准点)到标注特征(例如部件上的一个孔)的垂直距离。这种标注保持特征点与基准点的精确偏移量，从而可避免增大误差。

1. 执行方式

命令行：DIMORDINATE。

菜单栏：选择"标注→坐标"命令。

工具栏：单击"坐标"按钮 。

2. 操作步骤

执行命令：DIMORDINATE。

指定点坐标:(确定要标注坐标点)

指定引线端点或[X基准(X)/Y基准(Y)/多行文字(M)/文字(T)/角度(A)]:

3. 选项说明

● 指定引线端点:默认项,用于确定引线的端点位置。如果在此提示下相对于标注点上下移动光标,将标注点的 X 坐标;若相对于标注点左右移动光标,则标注点的 Y 坐标。确定点的位置后,AutoCAD 2010 就会在该点标注出指定点的坐标。

● "X基准(X)"、"Y基准(Y)":分别用来标注指定点的 X、Y 坐标。

● 多行文字(M):通过"多行文字编辑器"对话框输入标注的内容。

● 文字(T):直接要求用户输入标注的内容。

● 角度(A):确定标注内容的旋转角度。

7.5.4 形位公差尺寸标注创建

形位公差是表示特征的形状、轮廓、方向、位置和跳动的允许偏差。形位公差的组成要素如图 7.28 所示。

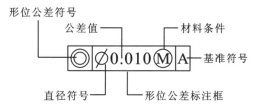

图 7.28 形位公差组成

1. 执行方式

命令行:TOLERANCE。

菜单栏:选择"标注→公差"命令。

工具栏:单击"公差"按钮 ⊞⫝̸ 。

2. 操作步骤

执行命令后,显示"形位公差"对话框,如图 7.29 所示 。单击"符号"组框中的黑色图标,显示"特征符号"对话框和"附加符号"对话框(见图 7.30),选择符号,然后在"形位公差"对话框中输入相应值。根据提示指定公差标注的位置后,AutoCAD 2010 会将设置的公差放在指定位置。

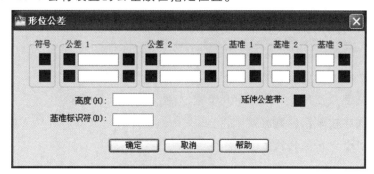

图 7.29 "形位公差"对话框

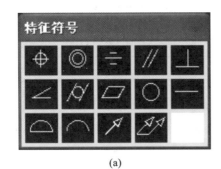

(a)   (b)

图 7.30 "特征符号"对话框和"附加符号"对话框

7.6

编辑尺寸标注

7.6.1 编辑尺寸文字位置

1. 执行方式

命令行:DIMTEDIT。

菜单栏:选择"标注→对齐文字"命令。

工具栏:单击"编辑标注文字"按钮 A。

2. 操作步骤

执行命令:DIMTEDIT。

> 选择标注:
>
> 为标注文字指定新位置或 [左对齐(L)/右对齐(R)/居中(C)/默认(H)/角度(A)]:

3. 选项说明

默认情况下,可以通过拖动光标来确定尺寸文字的新位置。

● 左(L):使尺寸文字沿着尺寸线左对齐,如图 7.31(d)所示。

● 右(R):使尺寸文字沿着尺寸线右对齐,如图 7.31(e)所示。

● 居中(C):使尺寸文字放在尺寸线上的中间位置,如图 7.31(a)所示。

● 默认(H):把尺寸文字按默认位置放置。

● 角度(A):改变尺寸文字行的倾斜角度。

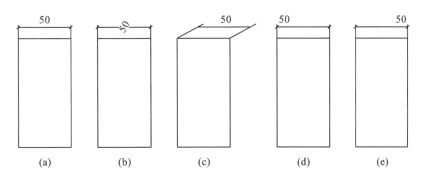

图 7.31　尺寸标注的编辑

7.6.2　编辑标注文字内容

1. 执行方式

命令行:DIMEDIT。

菜单栏:选择"标注→对齐文字→默认"命令。

工具栏:单击"编辑标注"按钮 。

2. 操作步骤

执行命令: DIMEDIT。

输入标注编辑类型［默认(H)/新建(N)/旋转(R)/倾斜(O)］〈默认〉:

3. 选项说明

● 默认(H):按尺寸标注样式中设置的默认位置和方向放置尺寸文字,如图 7.31(a)所示。

● 新建(N):打开多行文字编辑器,对尺寸文本进行修改。

● 旋转(R):改变尺寸标注文字的倾斜角度。尺寸文本的中心点不变,使文本沿给定的角度方向倾斜排列,如图 7.31(b)所示。

● 倾斜(O):修改长度型尺寸标注的尺寸界线,使其倾斜一定角度,与尺寸线不垂直,如图 7.31(c)所示。

7.7
管理尺寸标注

7.7.1　重新关联标注

1. 执行方式

命令行:DIMREASSOCIATE。

菜单栏:选择"标注→重新关联标注"命令。

2. 操作步骤

执行命令:DIMREASSOCIATE。

> 选择要重新关联的标注 ...
>
> 选择对象:(选择如图 7.32 所示尺寸标注)
>
> 选择对象:(回车)
>
> 指定第一个延伸线原点或[选择对象(S)]〈下一个〉:(指定如图 7.32 所示 a 点)
>
> 指定第二个延伸线原点〈下一个〉:(指定如图 7.32 所示 c 点)

3. 选项说明

● 选择对象:选择要重新关联的尺寸标注。

● 指定第一个延伸线原点:指定和尺寸标注产生关联的线段起始点。

● 指定第二个延伸线原点:指定和尺寸标注产生关联的线段终点。

对图 7.32 指定重新关联的线段原点为 a 和 c 后,尺寸标注自动改变测量值,结果如图 7.33 所示。

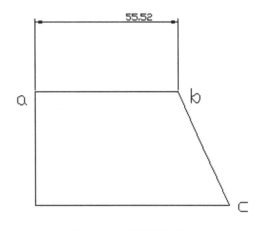

图 7.32　重新关联标注前

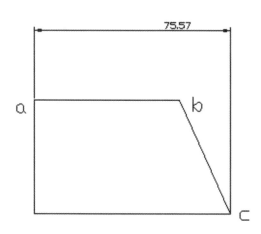

图 7.33　重新关联标注后

如果想要解除关联的标注,可以选择标注,使用"DIMDISASSOCIATE"命令就可以了。

7.7.2　调整标注间距

在 AutoCAD 2010 中,可以自动调整平行的线性标注和角度标注之间的间距,或根据指定的间距值进行调整。除了调整尺寸线间距,还可以通过输入间距值"0"使尺寸线相互对齐。由于能够调整尺寸线的间距或对齐尺寸线,因而无须重新创建标注或使用夹点逐条对齐并重新定位尺寸线。如图 7.34 所示的"标注"工具栏,框住的为调整标注间距按钮。

1. 执行方式

命令行:DIMSPACE。

工具栏:单击"调整间距"按钮 ▥。

图 7.34　"标注"工具栏中调整间距按钮

2. 操作步骤

执行命令: DIMSPACE。

> 选择基准标注:
>
> 选择要产生间距的标注:
>
> 输入值或［自动(A)］〈自动〉:

3. 选项说明

● 选择基准标注:等分间距分布标注时,选择要用作基准标注的标注。

● 选择要产生间距的标注: 选择要使其等间距的下一个标注。

● 输入值或"自动(A)":输入"a"则自动使平行线性标注和角度标注等间距;输入间距值,则基于距离使平行线性标注和角度标注等间距;输入"0"则对齐平行线性标注和角度标注。

7.8
典型实例

参照图 7.35 所示效果图,进行尺寸标注实例训练。

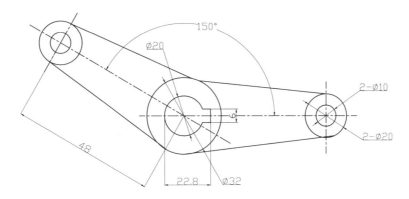

图 7.35　尺寸标注实例效果图

参考步骤如下。

（1）打开第 7 章 CAD 资料的"尺寸标注实例.dwg"文件，如图 7.36 所示。

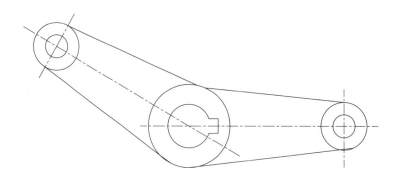

图 7.36　尺寸标注实例

（2）执行"格式→标注样式"命令，打开"标注样式管理器"对话框，如图 7.37 所示。

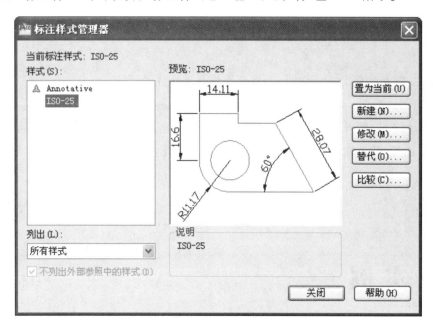

图 7.37　"标注样式管理器"对话框

单击"新建"按钮，打开"创建新标注样式"对话框，输入新样式名为"尺寸标注"。选择基础样式为"ISO-25"，设置为"所有标注"，如图 7.38 所示。

图 7.38　新建"尺寸标注"样式

单击"继续"按钮,在"修改标注样式:尺寸标注"对话框的"符号和箭头"选项卡中设置箭头大小为"10",折弯角度为"45",如图 7.39 所示。

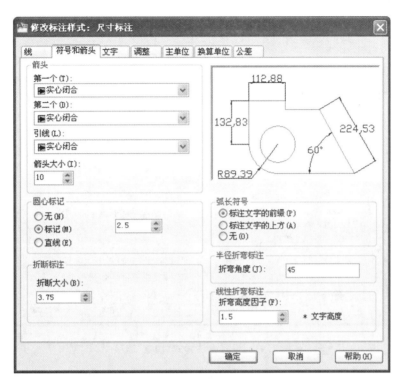

图 7.39 设置标注样式"符号和箭头"选项

(3) 在"文字"选项卡中,设置"文字高度"为"20","文字对齐"选择"水平",如图 7.40 所示。在"调整"选项卡中设置如图 7.41 所示,设置完毕后单击"确定"按钮。

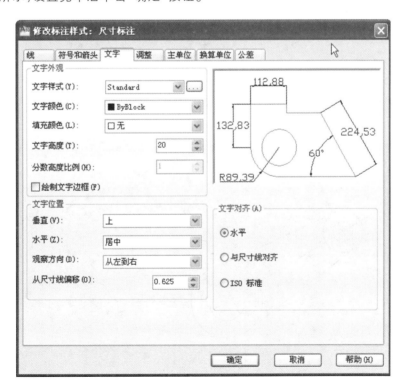

图 7.40 设置标注样式"文字"选项

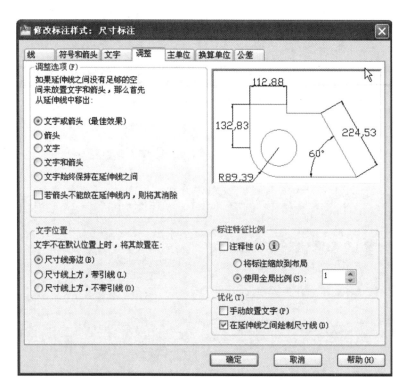

图 7.41 设置标注样式"调整"选项

（4）执行"标注→角度"命令和"标注→直径"命令，对实例进行标注，如图 7.42 所示。

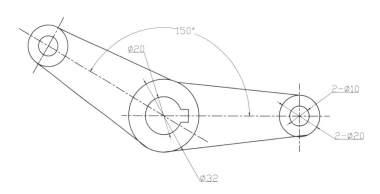

图 7.42 角度和直径尺寸标注效果

（5）执行"标注→线性"命令标注，如图 7.43 所示。

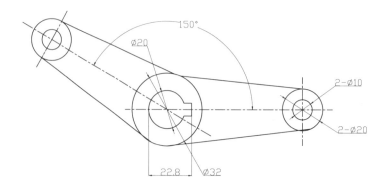

图 7.43 线性尺寸标注效果

(6) 在"标注样式管理器"对话框中,单击"替代"按钮 **替代(0)...**,在弹出来的对话框中,设置"文字"选项卡,"文字对齐"选择"与尺寸线对齐",如图 7.44 所示。

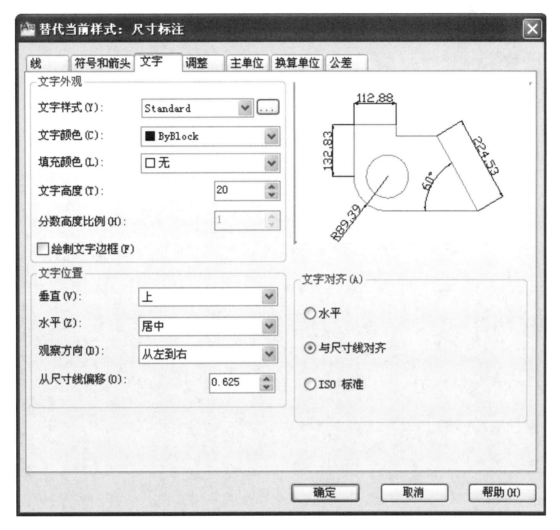

图7.44 "替代当前样式"对话框

(7) 执行"标注→线性"命令和"标注→对齐"命令进行尺寸标注,最终效果如图 7.45 所示。

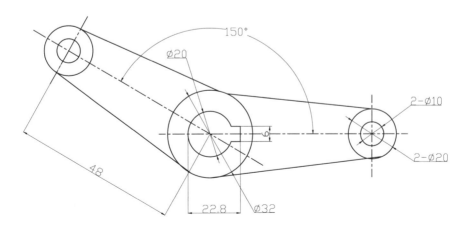

图7.45 最终效果图

<h2 style="text-align:center">本 章 小 结</h2>

尺寸标注是绘图设计过程中相当重要的一个环节，AutoCAD 2010 的标注工具可以标注线性尺寸，也可以标注直径、半径、角度等尺寸，并可以进行引线标注、快速标注和公差标注等。完成标注后，还可以对标注的尺寸进行各种编辑操作。

本章主要介绍了尺寸标注的组成、尺寸标注的各种方法以及如何编辑尺寸标注，为后面进行图纸绘制奠定了良好的基础。

第8章

绘制装饰平面布局图

HUIZHI ZHUANGSHI PINGMIAN BUJUTU

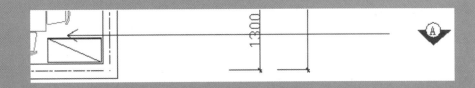

★ 学前指导

理论知识:主要介绍室内设计平面图基本知识以及绘制方法。

重点知识:掌握住宅室内平面图的绘制流程和具体步骤。

难点知识:掌握如何对住宅空间的合理布局。

室内平面图的绘制是在建筑平面图的基础上细化展开的。住宅室内平面图涉及室内空间布局、家具家电布置、装饰元素及细节处理、地面材料绘制、尺寸标注和文字说明等内容。

8.1
室内设计平面图概述

用于表达室内设计装修方案和指导装修施工的图样,称为室内装饰施工图,是装修施工和验收的依据,是建筑施工图的延续和深入。

室内装饰施工图主要表达室内空间的布局、各构配件的形状大小及相互位置关系、各界面(墙面、地面、天花)的表面装饰、家具的布置、固定设施的安放及细部构造做法和施工要求等。室内装饰施工图主要包括室内平面图、室内顶棚平面图、室内立面图和构造详图。

8.1.1 室内平面图的形成与表达方式

室内平面图是以平行于地面的切面在距离地面1.5 mm左右的位置将上部切去而形成的正投影面。平面图应表达内容有:

(1)反映楼面铺装构造、所用材料名称及规格、施工工艺要求等;

(2)门窗位置及水平方向尺寸;

(3)各房间的分布及形状大小;

(4)反映家具及其他设施的平面布置;

(5)标注各种必要的尺寸,如开间尺寸、装修构造的定位尺寸、细部尺寸及标高尺寸等;

(6)为表示室内立面图的对应位置,在平面图上用内视符号注明视点位置、方向及立面编号。

室内平面图表达方法有:

(1)平面图应采用正投影法按比例绘制;

(2)平面图中的定位轴线编号应与建筑平面图的轴线编号一致;

(3)注明地面铺装材料的名称、规格、颜色等;

(4)平面图中的陈设品及用品(卫生洁具、家具、家用电器、绿化等)应用图例(或轮廓简图)表示,图例宜采用通用图例,图例大小与所用比例大致相符;

(5)用于指导施工的室内平面图,非固定家具、设施、绿化等可不必画出,固定设施以图例或简图表示;

(6)要详细表达的部位应画出详图;

(7)图线宽的选用与建筑平面图相同;

(8) 详图应画出相应的索引符号。

8.1.2　住宅室内平面图的绘制流程

住宅在进行装修前,开发商交付的是毛坯房,墙面、地面仅做基础处理而未做表面处理,在进行装修设计前必须先对毛坯房进行实地测量,掌握原始的房屋尺寸,再来绘制装修平面图。

住宅室内平面图的一般绘制流程:

(1) 选定图幅,确定比例;

(2) 画出墙体中心线(定位轴线)及墙体厚度;

(3) 定出门窗位置;

(4) 画出家具及其他室内设施图例;

(5) 标注尺寸及有关文字说明;

(6) 检查无误后,按线宽标准要求加深图线。

图8.1所示为本章住宅室内平面图绘制案例,下面将介绍该案例的室内平面图绘制方法和相关技巧。

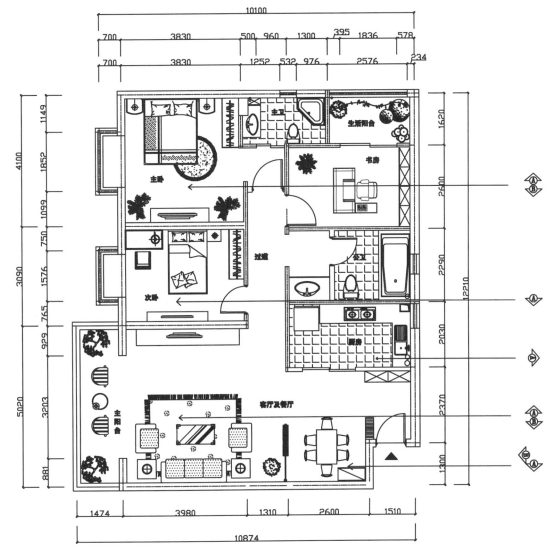

图 8.1　住宅室内平面图

8.2
设置绘图环境

1. 单位设置

首先设置系统单位为毫米(mm),以 1∶1 的比例绘制,这样输入尺寸时不需要换算,十分方便。出图时,再考虑以 1∶100 的比例输出。例如,建筑实际尺寸为 1 m,绘制时输入的数值为 1000 mm。

命令行操作如下。

> 命令∶units(回车)

弹出"图形单位"对话框,如图 8.2 所示进行设置,然后单击"确定"按钮完成。

图 8.2 "图形单位"对话框

2. 图形界限设置

室内设计常用图幅有 A0、A1、A2、A3、A4,我们将文件设置为 A3 图幅,图形界限为"420×297"。现在是以 1∶1的比例进行绘图的,当以 1∶100 的比例出图时,图纸空间将被缩小 1/100,所以现在要将图形界限扩大 100倍,设置为"42000×29700"。命令行操作如下。

> 命令∶Limits
> 重新设置模型空间界限∶
> 指定左下角点或 [开(ON)/关(OFF)] ⟨0.000,0.000⟩∶(回车)
> 指定右上角点 ⟨420.000,297.000⟩∶42000,29700(回车)

8.3
绘制墙体定位轴线

1. 建立轴线图层

(1) 建立轴线图层,单击图层工具栏的"图层特性管理器"按钮 ，弹出如图 8.3 所示的"图层特性管理器"对话框。

图 8.3 "图层特性管理器"对话框

(2) 新建图层,将默认名"图层 1"修改为"轴线",如图 8.4 所示。

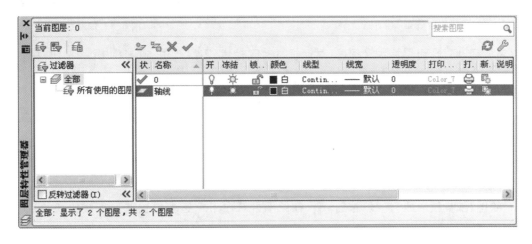

图 8.4 新建图层

(3) 设置"轴线"图层颜色,单击图层颜色,弹出如图 8.5 所示的"选择颜色"对话框,选择红色,单击"确定"按钮,回到"图层特性管理器"对话框。

(4) 设置"轴线"图层线型,单击图层线型,弹出如图 8.6 所示的"选择线型"对话框,单击"加载"按钮,打开

图 8.5 "选择颜色"对话框

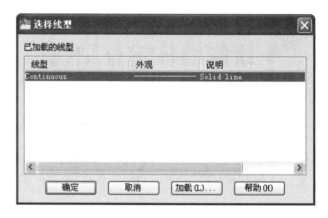

图 8.6 "选择线型"对话框

如图 8.7 所示的"加载或重载线型"对话框,选择"CENTER"线型,单击"确定"按钮回到"选择线型"对话框,选择刚加载的线型,单击"确定"按钮,如图 8.8 所示。

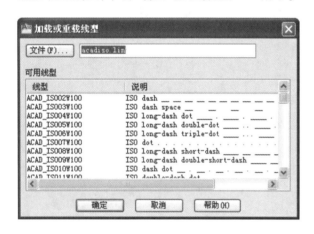

图 8.7 "加载或重载线型"对话框

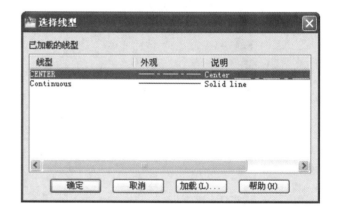

图 8.8 加载线型

(5) 设置完毕后,回到"图层特性管理器"对话框,选择"轴线"图层双击,或者单击 ✔ 按钮,将"轴线"图层设置为当前图层。也可以在绘图窗口的图层工具栏,选择"轴线"图层为当前图层,如图 8.9 所示。

图 8.9 设置当前图层

2. 绘制横向轴线

(1) 单击"绘图"工具栏中的"直线"按钮 ,在绘图区域左下角适当位置选取直线的初始点,绘制一条长度为 9400 mm 的水平直线,如图 8.10 所示。

图 8.10 水平轴线

如果绘制的轴线看不出点画效果,而是实线样式,那是因为线型的比例太小,可单击"格式"菜单,选择下拉菜单中的"线型"命令,将弹出"线型管理器"对话框。如图 8.11 所示,在弹出的"线型管理器"对话框中,线型详细信息可通过"显示细节"按钮 显示细节(D) 或"隐藏细节"按钮 隐藏细节(D) 来显示或隐藏。

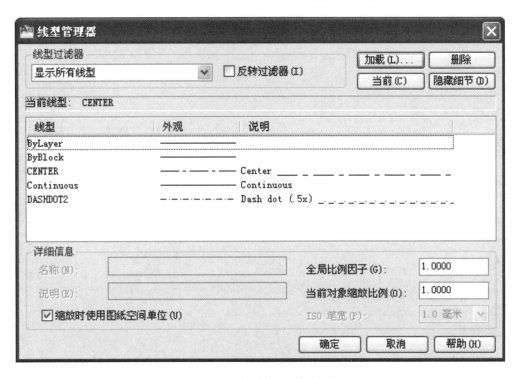

图 8.11 "线型管理器"对话框

如图 8.12 所示,选择线型为"CENTER",设置"全局比例因子"为"15"。如果点画线还是不能正常显示,可以重新调整这个值。

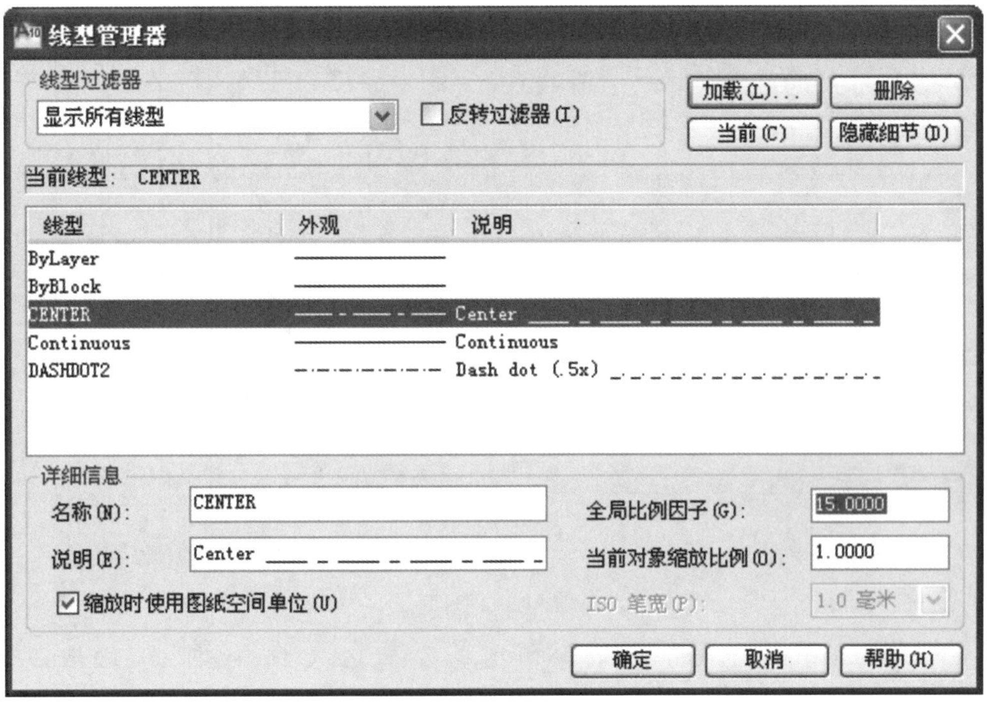

图 8.12 线型显示比例设置

（2）选择"修改"工具栏的"偏移"按钮 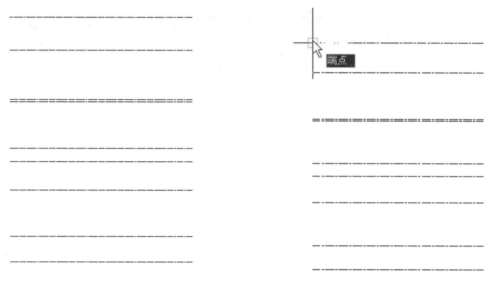，将水平轴线向下偏移，另外八条轴线的偏移量依次为 1620 mm、2480 mm、120 mm、2290 mm、680 mm、1410 mm、2310 mm、1300 mm，结果如图 8.13 所示。

图 8.13　偏移水平轴线

图 8.14　选取起点

3. 绘制竖向轴线

（1）单击"绘图"工具栏的"直线"按钮 ，用鼠标捕捉第一条水平轴线上的左边端点作为第一条垂直轴线的起点，移动鼠标单击最后一条水平轴线的端点作为终点，如图 8.14 和图 8.15 所示，单击回车键完成。

（2）同样采用"偏移"命令，向右绘制其他 7 条竖向轴线，偏移量依次为 3830 mm、150 mm、1310 mm、1300 mm、126 mm、1174 mm、1510 mm，结果如图 8.16 所示，这样就完成了整个轴线的绘制。

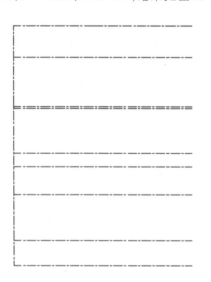

图 8.15　垂直轴线

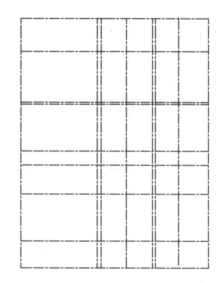

图 8.16　偏移垂直轴线

▲ 注意

在绘图过程中，往往会有不同的绘制内容，例如轴线、墙体、家具、尺寸标注等，如果都放在一个图层，不便于修改。所以在绘图时应建立多个图层，将不同类型的图形放置在对应图层中，便于管理。

8.4
绘制墙体结构布局图

1. 建立墙体图层

单击"图层"工具栏的"图层特性管理器"按钮 ，弹出"图层特性管理器"对话框。新建图层，命名为"墙体"，颜色为"白色"，线型为"Continuous"，线宽为"默认"，并置为当前图层，如图8.17所示。

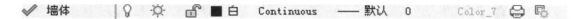

图8.17 墙体图层参数设置

2. 墙体绘制

(1) 设置"多线"参数，"绘图"工具栏里默认没有"多线"命令，可以通过命令行输入。命令行提示如下。

```
命令：mline(回车)
当前设置：对正 = 上，比例 = 20.00，样式 = STANDARD(初始参数)
指定起点或［对正(J)/比例(S)/样式(ST)］： j(选择对正设置，回车)
输入对正类型［上(T)/无(Z)/下(B)］〈上〉： z(选择两线之间的中点作为控制点，回车)
当前设置：对正 = 无，比例 = 20.00，样式 = STANDARD
指定起点或［对正(J)/比例(S)/样式(ST)］： s(选择比例设置，回车)
输入多线比例〈20.00〉： 240(输入外墙厚度值，回车)
当前设置：对正 = 无，比例 = 240.00，样式 = STANDARD
指定起点或［对正(J)/比例(S)/样式(ST)］:(回车完成设置)
```

▲ 说明

住宅空间的墙体厚度，一般外墙为240 mm，隔墙为120 mm，根据具体情况而定。

▲ 注意

AutoCAD 2010的工具栏并没有显示所有的可用命令，但用户可以根据需要自行添加。例如，添加"多线"命令到"绘图"工具栏中，可以使用"自定义用户界面"对话框。如图8.18所示，在对话框中输入"绘图"，列表窗口显示相应命令，找到"多线"，单击左键把它拖动到"绘图"工具栏上，这时，"绘图"工具栏将出现"多线"按钮 。

(2) 如果已经添加了"多线"命令到"绘图"工具栏，可以直接单击 ，或者使用"绘图"菜单中的"多线"命

图 8.18 自定义用户界面

令。命令行提示如下。

```
命令:_mline
当前设置:对正 = 无,比例 = 240.00,样式 = STANDARD
指定起点或 [对正(J)/比例(S)/样式(ST)]:(选择顶部第一条水平轴线最左边端点)
指定下一点:(选择最底部水平轴线最左边端点)
指定下一点或 [放弃(U)]:(选择最底部水平轴线右边第二个端点)
指定下一点或 [放弃(U)]:(选择底部第二条水平轴线右边第二个端点)
指定下一点或 [放弃(U)]:(选择底部第二条水平轴线最右边端点)
指定下一点或 [放弃(U)]:(选择顶部第一条水平轴线最右边端点)
指定下一点或 [放弃(U)]:(选择顶部第一条水平轴线最左边端点)
指定下一点或 [闭合(C)/放弃(U)]:(回车完成)
```

绘制外墙体的效果如图 8.19 所示,用同样的方法绘制其他 240 mm 厚度的墙体,效果如图 8.20 所示。

(3) 重新设置"多线"命令,将墙体厚度由 240 mm 改为 120 mm,绘制余下的 120 mm 厚度墙体,效果如图 8.21 所示。

(4) 重新设置"多线"命令,将墙体厚度改为 150 mm,绘制余下的墙体,效果如图 8.22 所示。

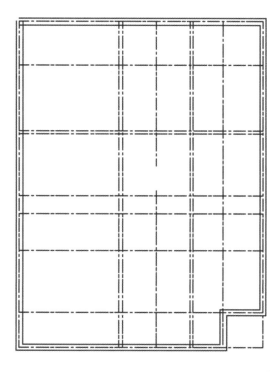

图 8.19　绘制外墙体

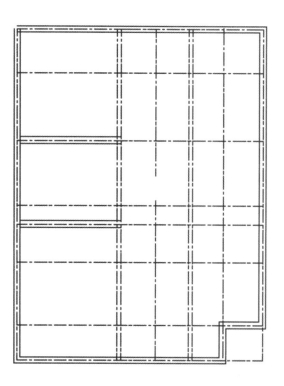

图 8.20　绘制 240 mm 厚度内墙体

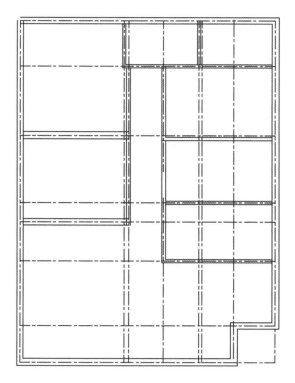

图 8.21　绘制 120 mm 厚度墙体

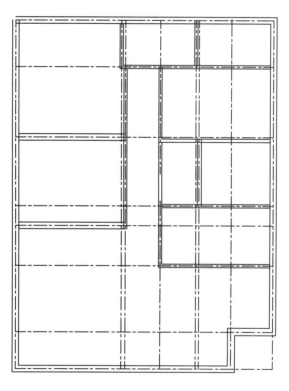

图 8.22　绘制 150 mm 厚度墙体

8.5
修 改 墙 体

修改墙体的操作步骤如下。

(1) 选择所有墙体线条(可先将轴线层锁定,再用"Ctrl + A"组合键选择所有对象),单击"修改"工具栏的"分解"按钮 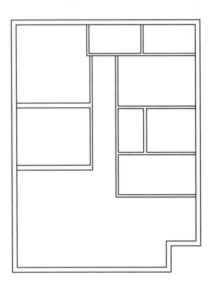,将墙体分解。

(2) 可以通过"修剪"按钮 ✂ 或"打断"按钮 🔲、移动夹点等方法修改节点,效果如图 8.23 所示。

图 8.23 墙体轮廓(隐藏轴线效果)

8.6
绘制阳台、门、窗及构件

1. 绘制阳台

(1) 建立阳台图层,命名为"阳台",颜色为"白色",线型为"Continuous",线宽为"默认",并置为当前图层,如图8.24所示。

(2) 绘制阳台洞口。绘制洞口时,常常以临近的墙线或轴线作为距离参照来确定洞口位置。阳台洞口宽

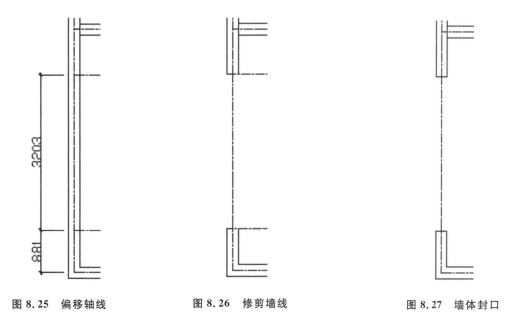

（此处顶部为一个图层参数行）
✔ 阳台   ♀ ☼ 🔓 ■ 白   Continuous —— 默认   0   Color_7 🖶 ⬚

图 8.24 阳台图层参数

3202 mm,位于该段墙体的中部,具体操作如下:

打开"轴线"图层,将"墙体"图层置为当前图层;用"偏移"命令将底部第一条横向轴线向上复制出两条新的轴线,偏移量依次为 881 mm、3203 mm,结果如图 8.25 所示;将它们的左端用"延伸"命令延伸到外墙线;然后使用"修剪"命令将两条轴线之间的墙线剪掉,如图 8.26 所示;最后使用"直线"命令将墙体剪断处封口,并将两条轴线删除,这样阳台洞口就绘制好了,结果如图 8.27 所示。

图 8.25 偏移轴线   图 8.26 修剪墙线   图 8.27 墙体封口

(3) 绘制阳台线。使用"直线"命令从底部轴线左边端点引出长为 1474 mm 的水平直线,再向上绘制一条垂直线段和一条水平线段,结束点交于上方轴线,完成主阳台中心线,效果如图 8.28 所示。使用"多线"命令,将墙体厚度改为 240 mm,以中心线作为对正参考线,绘制余下阳台线,效果如图 8.29 所示。

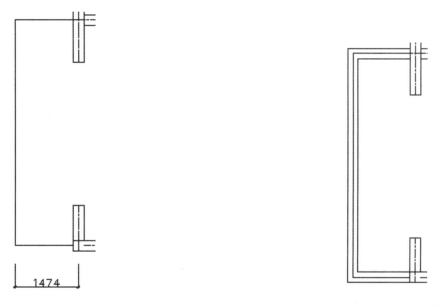

图 8.28 绘制阳台中心线   图 8.29 绘制阳台轮廓线

2.绘制门

本例有五扇单扇平开门、两扇双扇推拉门。首先需要确定门洞尺寸,再来绘制不同类型的门。

(1)新建门图层,命名为"门窗",颜色为"绿色",线型为"CONTINUOUS",线宽为"默认",如图 8.30 所示,并置为当前图层。

图 8.30 门窗图层参数设置

(2)洞口绘制。采用阳台洞口绘制方法,依照图 8.31 中提供的尺寸绘制门洞口,结果如图 8.32 所示。

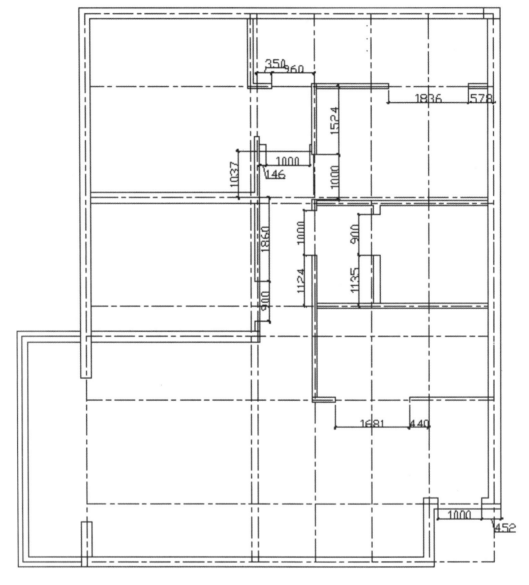

图 8.31 门洞口尺寸

(3)绘制单扇平开门。以大门举例,使用"矩形"命令和"直线"命令,绘制如图 8.33 所示效果。

再使用"矩形"命令绘制一个 42 mm×900 mm 的矩形,如图 8.34 所示使用"圆弧"命令绘制门的开启线,命令行提示如下:

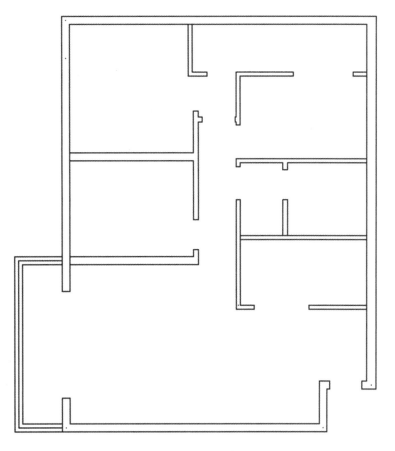

图 8.32　门洞口绘制

图 8.33　绘制门线

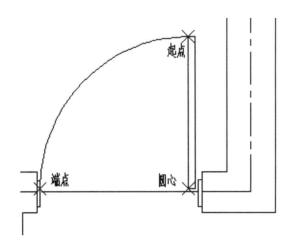

图 8.34　绘制门开启线

命令：_arc 指定圆弧的起点或［圆心(C)］：(点击矩形左上角角点作为起点)

指定圆弧的第二个点或［圆心(C)/端点(E)］：e(输入 c,回车)

指定圆弧的端点：(点击矩形左下角点延长线与右侧门框交点)

指定圆弧的圆心或［角度(A)/方向(D)/半径(R)］：(点击矩形左下角角点作为圆心)

使用"直线"命令绘制大门其他零件,如图 8.35 和图 8.36 所示,最终效果如图 8.37 所示。

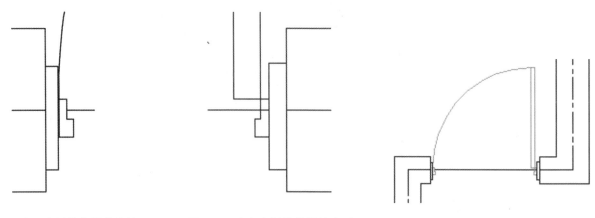

图 8.35　大门左侧其他零件绘制　　　图 8.36　大门右侧其他零件绘制　　　图 8.37　大门效果

可使用"Wblock"命令将绘制的门保存为图块,采用"插入→块"命令完成其他几个门的绘制,效果如图 8.38所示。

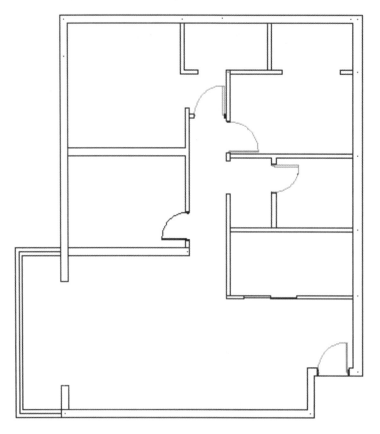

图 8.38　单扇平开门最终效果

（4）绘制推拉门。单击"矩形"按钮 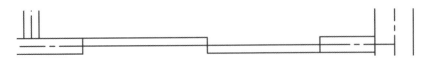，在生活阳台的墙体轴线与墙体交点作为矩形右下角点，绘制尺寸为 918 mm×120 mm 的矩形，再捕捉矩形右下角端点为第二个矩形的左上角，绘制同样大小的矩形，效果如图8.39 所示。

图 8.39　生活阳台推拉门

采用同样的方法，绘制主卫推拉门，最终效果如图 8.40 所示。

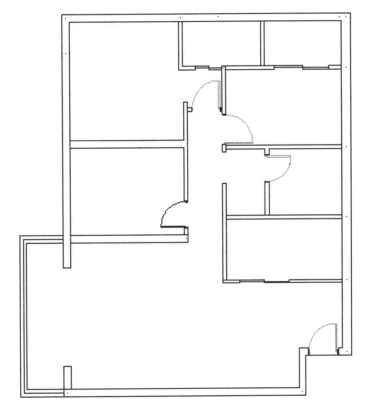

图 8.40　门绘制效果

3.绘制窗及构件

本例在厨房、主卫、公卫和生活阳台各有一扇窗户，两个卧室各有一个飘窗。

（1）绘制飘窗。用"偏移"命令将图 8.41 所示次卧墙体横向轴线向下复制两条水平轴线，偏移量为 750 mm、1576 mm，再将次卧外墙体轴线向左偏移 700 mm，最终结果如图 8.41 所示。

如图 8.42 所示，将偏移得到的两条水平轴线向左延伸与偏移出的垂直轴线相交。使用"多线"命令绘制飘窗轮廓线，厚度为 240 mm，对正为无，指定点分别为如图 8.43 所示小黑点。用同样的方法绘制飘窗内线，厚度为 80 mm，效果如图 8.44 所示。

选择飘窗轮廓线和内线，单击修改工具栏的"分解"按钮 ，将墙体分解，如图 8.45 所示。使用"修剪"命令剪掉多余墙线，如图 8.46 所示。

采用同样的方法，绘制主卧飘窗，尺寸如图 8.47 所示。

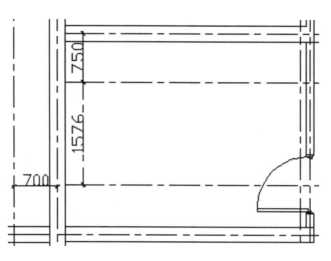

图 8.41　偏移次卧墙体轴线

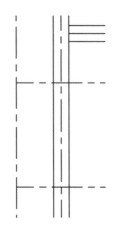

图 8.42　延伸轴线

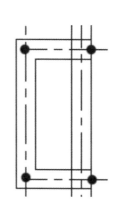

图 8.43　次卧飘窗轮廓线

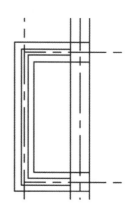

图 8.44　次卧飘窗内线

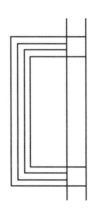

图 8.45　分解墙体

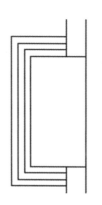

图 8.46　修剪墙线

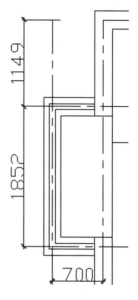

图 8.47　主卧飘窗

（2）绘制其他窗户。其他房间的窗户如图 8.48 和图 8.49 所示，可参考尺寸进行绘制。最终完成效果如图 8.50 所示。

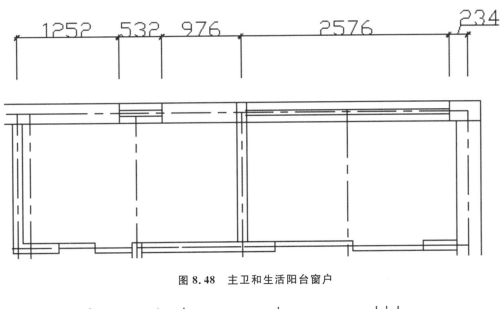

图 8.48　主卫和生活阳台窗户

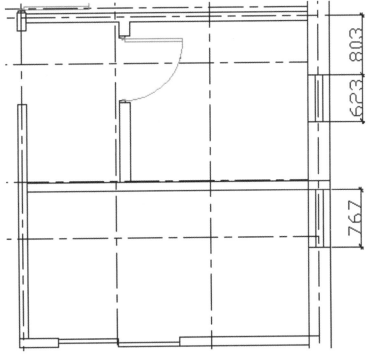

图 8.49　书房和公卫窗户

4. 绘制其他构件

（1）绘制厨房烟道。选择"绘图"菜单下的"直线"命令，绘制橱柜，尺寸如图 8.51 所示。

（2）绘制主卫管道。使用"矩形"命令，如图 8.52 所示在主卫左侧墙体线条上绘制一个 545 mm×300 mm 的矩形，移动内墙体线夹点到图 8.53 所示位置，完成主卫生间管道墙体绘制，效果如图 8.54 所示。

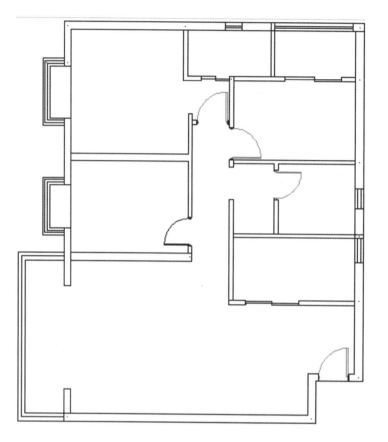

图 8.50 门窗最终效果图

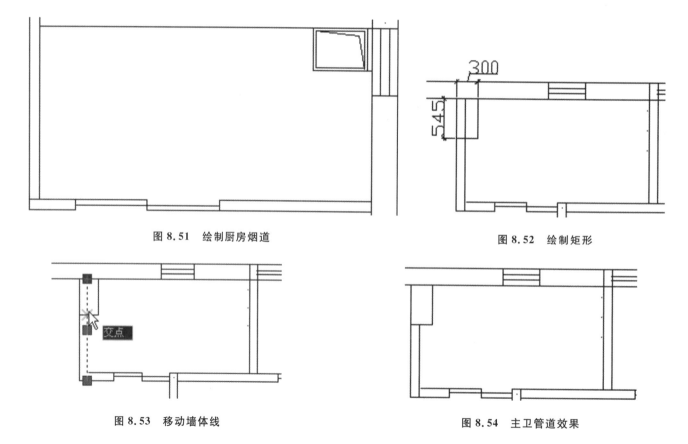

图 8.51 绘制厨房烟道

图 8.52 绘制矩形

图 8.53 移动墙体线

图 8.54 主卫管道效果

8.7
绘制并布置家具陈设及环境绿化

1. 门厅的平面布置

(1) 建立家具图层,命名为"家具",颜色为"白色",线型为"Continuous",线宽为"默认",并置为当前层。

(2) 选择"绘图"菜单下的"直线"命令,在大门左侧绘制装饰墙体,如图8.55所示。

(3) 选择"绘图"菜单下的"直线"命令,在大门入口处对面绘制鞋柜,尺寸如图8.56所示。

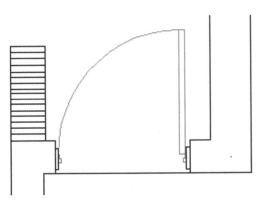

图 8.55　绘制装饰墙体

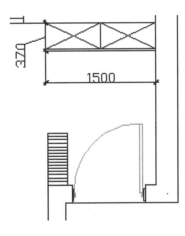

图 8.56　绘制鞋柜

▲ **注意**

必要时对图形进行局部放大和平移,能方便绘图以提高效率。可以利用"标准"工具栏中的"实时平移"按钮 🖐 和"实时缩放"按钮 🔍,也可以单击鼠标右键,在弹出的快捷菜单中选择 🖐 **平移(A)** 和 🔍 **缩放(Z)**,并注意两者的交替使用。

2. 客厅及餐厅的平面布置

(1) 绘制电视柜。选择"绘图"菜单下的"直线"命令,在客厅墙绘制电视柜,如图8.57所示。

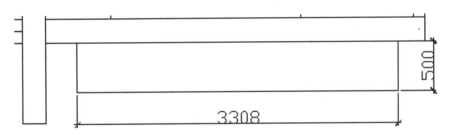

图 8.57　绘制电视柜

（2）绘制餐边柜。选择"绘图"菜单下的"直线"命令，在餐厅墙角处绘制餐边柜，如图8.58所示。

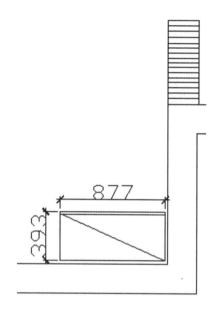

图 8.58　绘制餐边柜

（3）插入客厅家具。选择"插入→块"命令，弹出"插入"对话框，单击"浏览"按钮，打开"选择图形文件"对话框，如图8.59所示，选择第8章图块资料所在资料文件中的目录路径，单击要选择的家具"客厅沙发组合家具"，单击"打开"按钮，此时回到"插入"对话框，此时已经可以预览家具，可以在对话框或是屏幕上指定沙发插入点位置、输入比例因子和旋转角度等，单击"确定"按钮，插入图块，如图8.60所示。

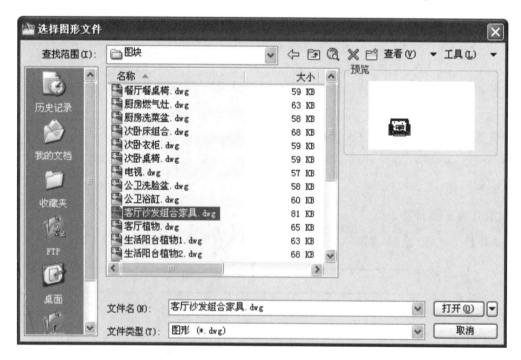

图 8.59　"选择图形文件"对话框

用同样的方法，插入"客厅电视.dwg"图块到对应位置上，如图8.61所示。

（4）插入餐厅家具。单击"绘图"工具栏中的"插入块"按钮，找到第八章CAD资料文件中的"餐厅餐桌

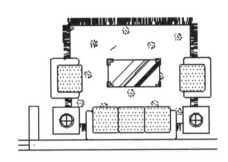

图 8.60　插入沙发

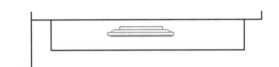

图 8.61　插入电视柜

椅.dwg""客厅餐厅隔断.dwg"和"客厅植物.dwg"图块,插入到对应位置上,如图 8.62 所示。

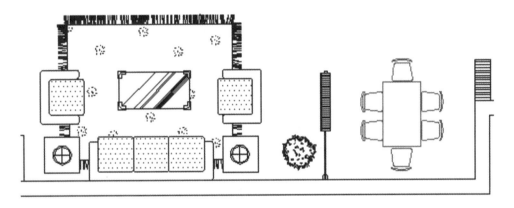

图 8.62　插入餐桌椅和隔断

3. 厨房的平面布置

(1) 绘制橱柜。选择"绘图"菜单下的"直线"命令,绘制橱柜,尺寸如图 8.63 所示。

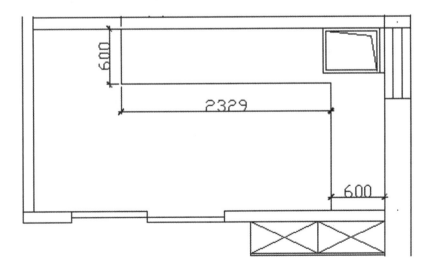

图 8.63　绘制橱柜

（2）插入厨房家电。单击绘图工具栏中的"插入块"按钮 ，找到第八章 CAD 资料文件中的"厨房冰箱. dwg""厨房洗菜盆. dwg"和"厨房燃气灶. dwg"图块，插入到对应位置上，如图 8.64 所示。

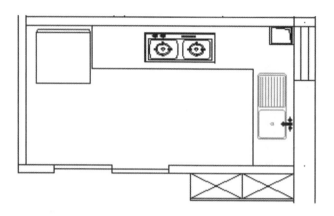

图 8.64　插入厨房家电

4. 主卧的平面布置

（1）绘制电视柜。选择"绘图"菜单下的"直线"命令，绘制主卧电视柜，尺寸如图 8.65 所示。

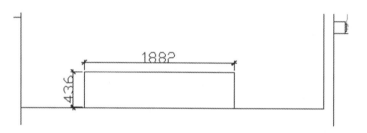

图 8.65　绘制主卧电视柜

（2）插入主卧家具。单击绘图工具栏中的"插入块"按钮，找到第八章 CAD 资料文件中的"主卧床组合. dwg""主卧植物. dwg""主卧电视机. dwg"和"主卧衣柜. dwg"等图块，插入到对应位置上，如图 8.66 所示。

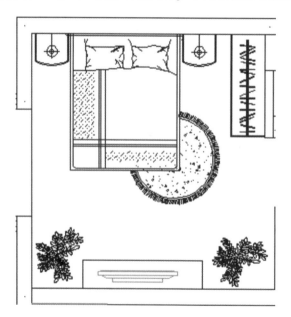

图 8.66　插入主卧家具

5. 次卧的平面布置

采用上述方法,绘制次卧电视柜,插入对应图块,效果如图 8.67 所示。

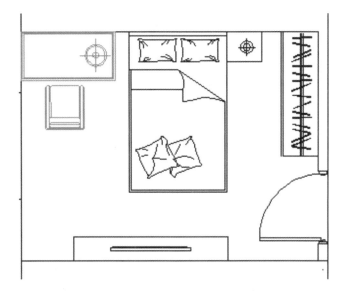

图 8.67　次卧布置效果

6. 书房的平面布置

(1) 绘制书柜。选择"绘图"菜单下的"直线"命令,绘制主卧电视柜,尺寸如图 8.68 所示。

(2) 插入书房家具。单击"绘图"工具栏中的"插入块"按钮，插入书房组合家具和书房植物,最终效果如图 8.69 所示。

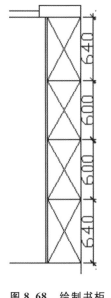

图 8.68　绘制书柜

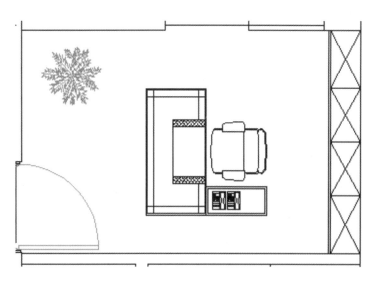

图 8.69　书房布置效果

7. 主卫的平面布置

(1) 绘制洗脸台、柜子及管道。选择"绘图"菜单下的"直线"命令,绘制主卫洗脸台和柜子,尺寸如图 8.70 所示。

（2）插入主卫洁具。单击"绘图"工具栏中的"插入块"按钮 ，插入主卫洗脸盆、马桶和浴缸图块，最终效果如图8.71所示。

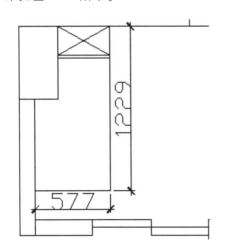

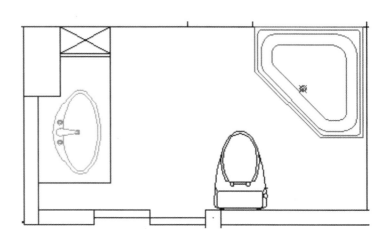

图 8.70　绘制洗脸台及柜子　　　　　　　　　　　　图 8.71　主卫布置效果

8. 公卫的平面布置

采用上述方法，绘制公卫洗脸盆，插入对应图块，效果如图8.72所示。

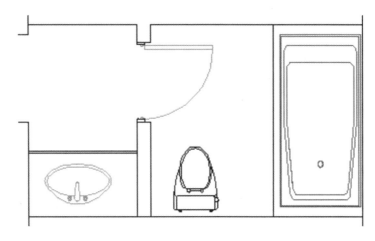

图 8.72　公卫布置效果

9. 主阳台及生活阳台的平面布置

插入主阳台和生活阳台对应图块，效果如图8.73和图8.74所示。

10. 地面填充

本例中，卫生间和厨房铺设 300 mm×300 mm 防滑砖，使用"图案填充"命令来完成。

（1）卫生间地面填充。单击"绘图"工具栏中的"填充图案"按钮，弹出"图案填充"对话框，单击对话框右上角的"拾取点"按钮，将"十"字光标指针在公卫区域单击一下，选中填充区域，按右键确认或是回车以返回到对话框。对图案填充的参数如图8.75所示，图案"ANGLE"，比例"40"，单击"确定"按钮后，效果如图8.76所示。

将填充图案分解，删除马桶上填充图案线段，如图8.77所示。

同样的方法绘制主卫，效果如图8.78所示。

（2）厨房地面填充。厨房填充参数为：图案"ANGLE"，比例"40"，效果如图8.79所示。

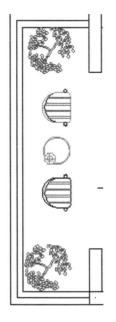

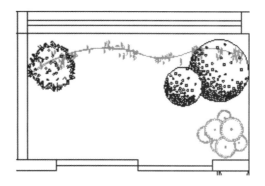

图 8.73　主阳台效果

图 8.74　生活阳台效果

图 8.75　公卫地面图案填充参数

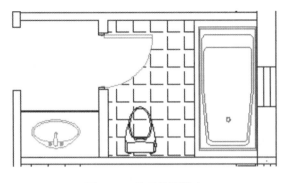

图 8.76　公卫地面填充

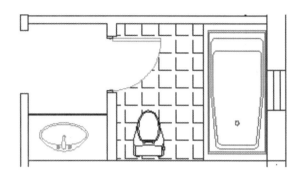

图 8.77　删除多余图案线条

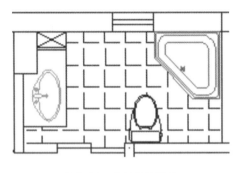

图 8.78　主卫地面填充

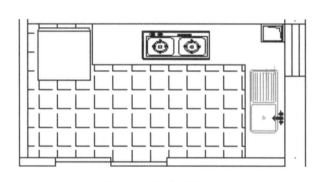

图 8.79　厨房地面填充

▲ 注意

图案填充时,如果填充区域没有完全闭合,是无法选中的。

▲ 说明

如果需要填充的网格大小是600 mm×600 mm,如何将网格1∶1比例填充? 可以用检验网格大小的方法。单击"工具"菜单下的"查询"命令,使用"查询"下拉菜单中的"距离"查询网格大小。查出"NET"图案间距是3,所以填充比例输入200,这样就得到近似于600 mm×600 mm的网格。如果还想更精确,可以直接用直线阵列完成。

8.8

标注尺寸

1. 建立"尺寸"图层

建立尺寸图层,命名为"尺寸",颜色为"黄色",线型为"Continuous",线宽为"默认",并置为当前层,如图8.80所示。

图 8.80　尺寸图层参数

2.尺寸标注样式设置

单击"格式"菜单栏下拉菜单中的"标注样式"命令,弹出"标注样式管理器"对话框,新建一个标注样式,命名为"室内",单击"继续"按钮,将"建筑"样式中的参数按图8.81至图8.85所示进行设置。最后单击"确定"按钮返回到"标注样式管理器"对话框,将"建筑"样式置为当前,如图8.86所示。

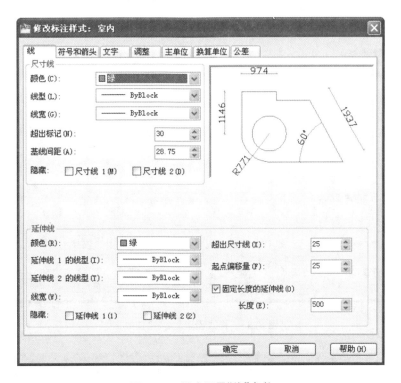

图8.81 样式设置"线"参数

图8.82 样式设置"符号和箭头"参数

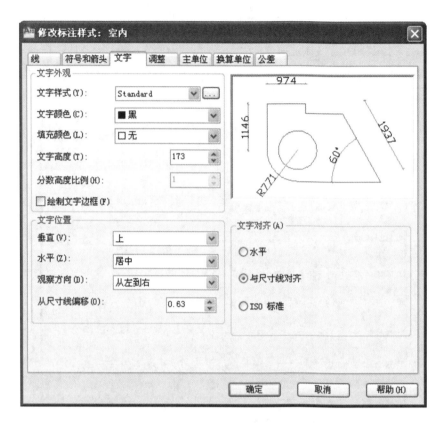

图 8.83　样式设置"文字"参数

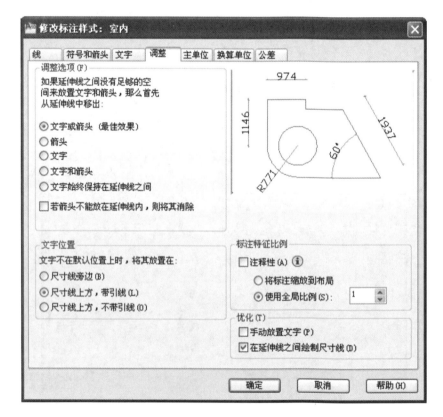

图 8.84　样式设置"调整"参数

图 8.85 样式设置"主单位"参数

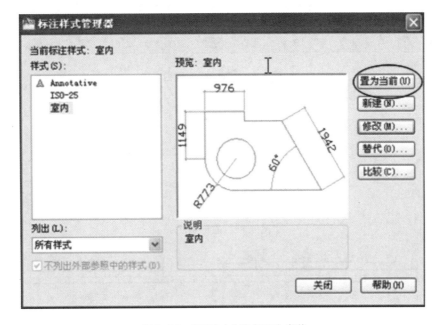

图 8.86 将"室内"样式置为当前

3. 尺寸标注

以图 8.1 所示平面图底部尺寸标注为例。该部分尺寸分为两道,第一道为轴线间距,第二道为总尺寸。

(1) 在工具栏的空白处单击鼠标右键,在弹出的快捷菜单中选择"AutoCAD"菜单下的"标注",将"标注"工具栏显示出来,方便后面进行尺寸标注,如图 8.87 所示。

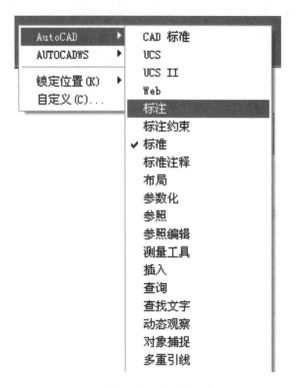

图 8.87　显示"标注"工具栏的命令

(2) 第一道尺寸线绘制。显示轴线,单击如图 8.88 所示的"标注"工具栏中的"线性标注"按钮 ⊢⊣,对底部进行标注,效果如图 8.89 所示。单击"连续标注"按钮 ⊢⊢,对墙体其他尺寸进行标注,效果如图 8.90 所示。

图 8.88　"标注"工具栏

图 8.89　底部标注

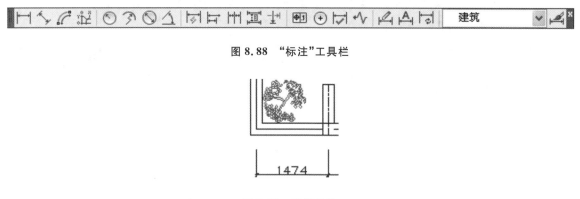

图 8.90　第一道尺寸标注

(3) 第二道尺寸线绘制。单击"线性标注"按钮 ⊢⊣,对底部外墙总尺寸进行标注,如图 8.91 所示。采用同样的方法对其他墙体轴线进行标注,最终效果如图 8.92 所示。

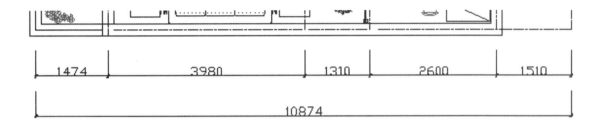

图 8.91　第二道尺寸标注

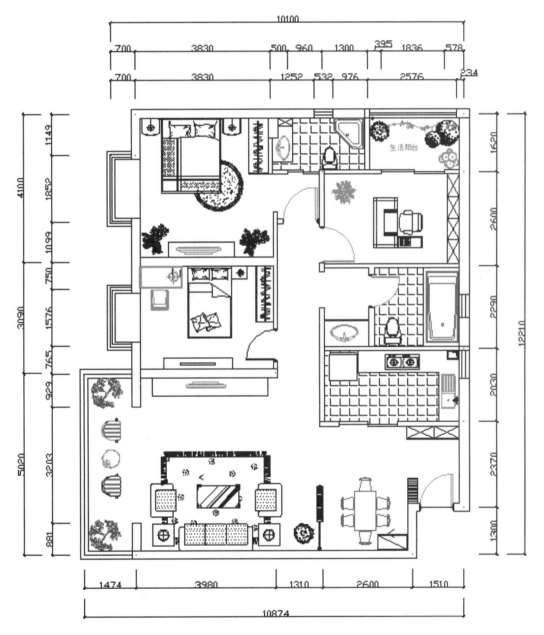

图 8.92　室内平面图尺寸标注

8.9

文本注释及符号索引

1. 文字注释

1）建立"文字"图层

建立"文字"图层,命名为"文字",颜色为黄色,线型为"Continuous",线宽为"默认",并置为当前层,如图8.93所示。

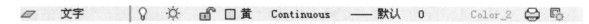

图 8.93　文字图层参数

2）标注文字

单击菜单栏"格式"下拉菜单"文字格式",在弹出的"文字格式"对话框中,单击"新建"按钮,新建样式1,选择字体为"黑体",高度为"150",置为当前。

单击"绘图"工具栏的"多行文字"按钮 A ,在客厅标注区域推拉一个矩形,如图8.94所示,输入"客厅"字样,单击"确定"按钮后完成。

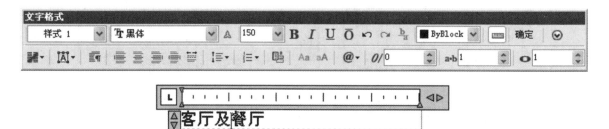

图 8.94　客厅及餐厅文字标注

采用相同的方法,在对应位置上输入文字标注"主卧""次卧""厨房""书房""主卫""公卫""过道""主阳台""生活阳台"。

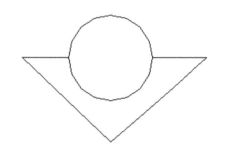

图 8.95　绘制索引符号

2. 索引符号绘制

单击"绘图"工具栏的"直线"按钮 / 和"圆"按钮 ⊘ ,绘制如图8.95所示的索引符号。

单击"绘图"工具栏中的"图案填充"按钮 ▨ ,弹出"图案填充编辑"对话框,如图8.96所示,选择填充图案为"SOLID",再单击"拾取点"按钮 ⊞ ,在圆与直线相交内部单击一下,单击回车键后在弹出的"图案填充编辑"对话框中单击"确定"按钮完成填充,效果如图 8.97 所示。

最后,使用"多行文字"命令,字体为"宋体",高度为"150",在圆圈内输入编号"A",效果如图 8.98 所示。

图 8.96　选择填充图案

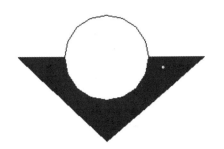

图 8.97　填充效果

图 8.98　添加索引编号

把索引符号放置在图 8.99 所示位置上,并用直线绘制符号对应指向。

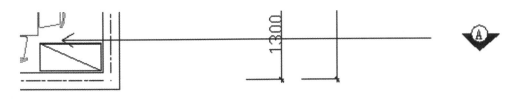

图 8.99　绘制索引符号指向线条

使用"复制"命令和"旋转"命令绘制其他符号,并修改索引编号。最终效果如图 8.100 所示。

使用"直线"命令和"图案填充"命令绘制住宅入口符号,效果如图 8.101 所示,这样就完成了该住宅空间室

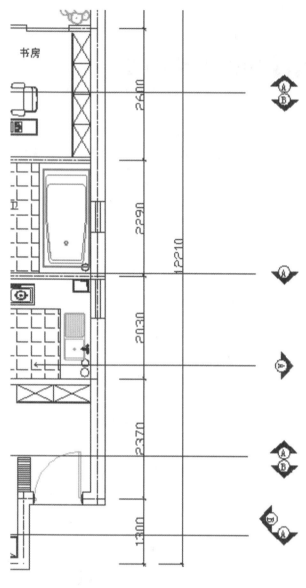

图 8.100　绘制其他索引符号

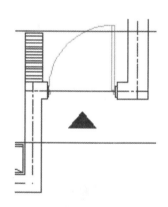

图 8.101　绘制住宅入口符号

内平面图的绘制。

本 章 小 结

　　在室内设计中,最常遇到的设计项目就是普通住宅室内设计,本章介绍了室内设计的表达方式和流程,并结合实例讲解如何利用 AutoCAD 2010 绘制室内平面图。本章是 AutoCAD 2010 室内设计绘图的起点,希望读者结合前面讲述的基础知识认真学习,尽量把握规律性的内容,达到举一反三的效果。

第9章

绘制天花装饰平面图

HUIZHI TIANHUA ZHUANGSHI PINGMIANTU

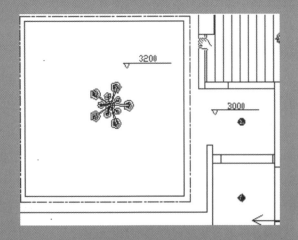

★ 学前指导

理论知识:主要介绍室内天花装饰平面图基本知识以及绘制方法。

重点知识:掌握住宅室内天花装饰平面图的绘制流程和具体步骤。

难点知识:住宅空间顶棚造型设计。

顶棚图又称为天花图,是用来说明室内顶棚造型设计、灯具和其他相关电器布置的。本章将用上一章住宅空间案例讲解如何绘制天花装饰平面图。

9.1
室内设计天花装饰平面图概述

9.1.1 室内天花装饰平面图的形成与表达方式

室内天花装饰平面图是用于表达室内顶棚造型、灯具以及相关电器布置的顶棚水平镜像投影图。天花装饰中应表达的内容有:

(1) 反映室内顶棚的形状、大小及结构;

(2) 反映顶棚的装修造型、材料名称及规格、施工工艺要求等;

(3) 反映顶棚上的灯具、窗帘等安装位置及形状;

(4) 标注各种必要的尺寸及标高等。

表达方法及要求有:

(1) 室内天花装饰平面图一般采用与室内平面图相同的比例绘制,以便于对照看图;

(2) 室内天花装饰平面图的定位轴线位置及编号应与室内平面图相同;

(3) 室内天花装饰平面图不同层次的标高,一般标注该层次距本层楼面的高度;

(4) 室内天花装饰平面图线宽的选用与建筑平面图相同;

(5) 室内天花装饰平面图一般只画出墙厚,不画门窗图例及位置;

(6) 室内天花装饰平面图中的附加物品(如各种灯具)应采用通用图例或投影轮廓简图表示;

(7) 需要详细表达的部位,应画出详图。

9.1.2 室内天花装饰平面图的绘制流程

在绘制天花装饰时,可以利用室内平面图墙线形成的空间分隔,而删除其门窗洞口图线,在此基础上完成天花装饰内容。具体绘制流程可以按室内平面图修改、顶棚造型绘制、灯具布置、文字尺寸标注、符号标注及线宽设置的流程进行。

　　室内天花装饰平面图的关键在于顶棚造型设计。在顶棚的造型设计中,有些空间需要吊顶来达到营造氛围或是安装灯具的作用,吊顶的材料有很多种,例如石膏板、效果漆、木材、玻璃和扣板等。顶棚的设计直接影响空间整体特点和氛围,要围绕整体风格,注重和墙面、基面的协调统一,同时要美观实用。而且顶棚的装饰要保证顶面结构的合理性和安全性,有些横梁和柱子起重要支撑作用,不能随意改变。

　　下面介绍如图9.1所示本案例的顶棚图绘制方法和相关技巧。

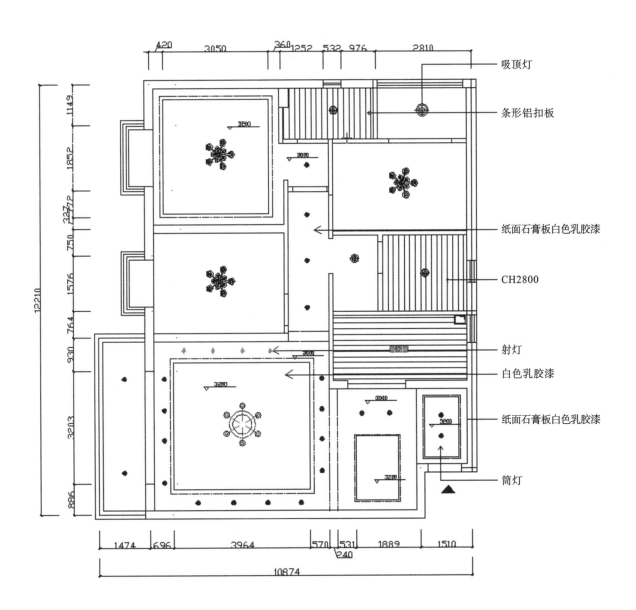

图9.1　住宅室内天花装饰平面图

9.2

修改室内平面图

(1) 打开前面绘制好的室内平面图,另存为"室内天花装饰平面图"。

(2) 修改墙体。将"墙体"图层置为当前层,将其中的家具、绿化、门框、尺寸、文字和符号等内容都删除,关闭"轴线"图层。将墙体的洞口补好,如图9.2所示。

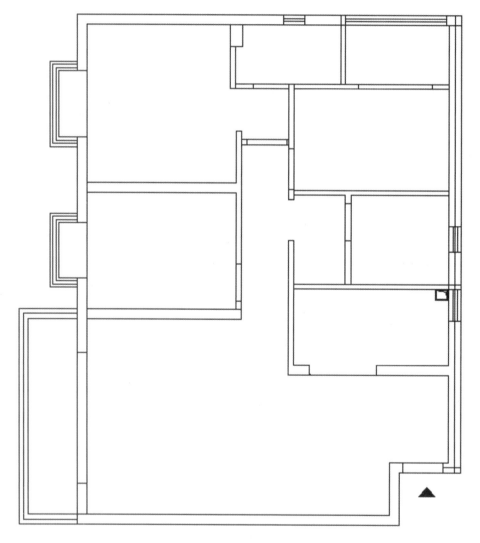

图 9.2 修改墙体后的室内平面图

(3) 绘制横梁。

使用"直线"命令,线型为虚线,在客厅与餐厅相接处绘制一条垂直线条,交于水平内墙线,如图9.3所示。使用"偏移"命令,将该直线向右偏移240 mm,如图9.4所示。

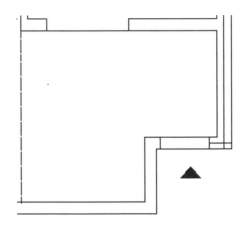

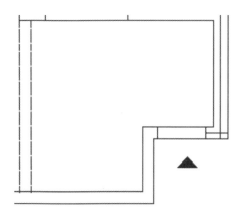

图 9.3　绘制横梁第一条垂直线 　　　　　　　　图 9.4　偏移 240 mm 得到第二条垂直线

采用同样的方法制作走廊过道横梁,横梁间距 297 mm,如图 9.5 所示。

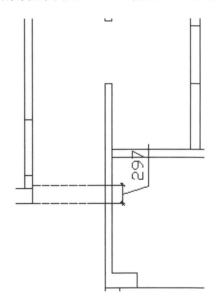

图 9.5　走廊过道横梁

9.3
绘制顶棚造型

本例中门厅入口及走廊过道、客厅、餐厅和主卧室做局部吊顶,吊顶高度为 200 mm,吊顶材料为石膏板,刷白色乳胶漆,并在门厅入口、客厅、餐厅和主卧室四部分吊顶上安装灯带。厨房及卫生间采用铝扣板吊顶,其他部分不做吊顶处理,灯泡表面涂刷白色乳胶漆。将上述设计思想表现在顶棚图上,顶棚尺寸图如图 9.6 所示,其中点画线为灯带。

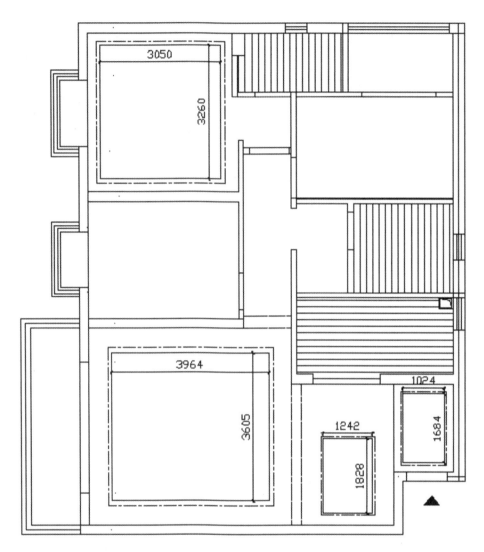

图 9.6 顶棚吊顶尺寸

图 9.7 所示为顶棚吊顶距离。

具体步骤如下。

(1) 新建"顶棚"图层,如图 9.8 所示,并设置为当前层。

(2) 吊顶矩形造型可以按图 9.7 提供尺寸通过内墙线偏移得到,或者按图 9.6 提供尺寸绘制矩形,再按图 9.7 所示距离移动矩形到对应位置来制作吊顶。最后将矩形偏移制作灯带,灯带线型设置为点画线。

以门厅入口处吊顶举例,使用"直线"命令,绘制一条图 9.9 所示效果直线,再使用"矩形"命令,以垂直线与内墙线交点作为起始点绘制一个如图 9.10 所示 1024 mm×1684 mm 的矩形,使用"移动"工具,将矩形向右移动 232 mm,向下移动 238 mm,效果如图 9.11 所示。

使用"偏移"命令,将矩形向外偏移,偏移量为 50,效果如图 9.12 所示,修改线型为点画线,灯带最终效果如图 9.13 所示。

其他吊顶可采用相同方法制作,不再一一讲述。

(3) 厨房、卫生间的顶棚采用图案填充完成。

单击"绘图"工具栏中的"图案填充"按钮 ,弹出"图案填充和渐变色"对话框,如图 9.14 所示,选择填充图案为"LINE",再单击"拾取点"按钮 ,在厨房内部单击一下,单击回车键后在弹出的"图案填充和渐变色"对

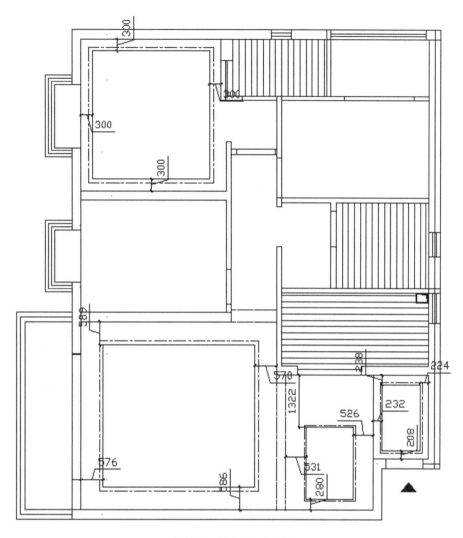

图 9.7　顶棚吊顶距离

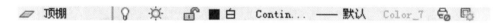

图 9.8　顶棚图层参数

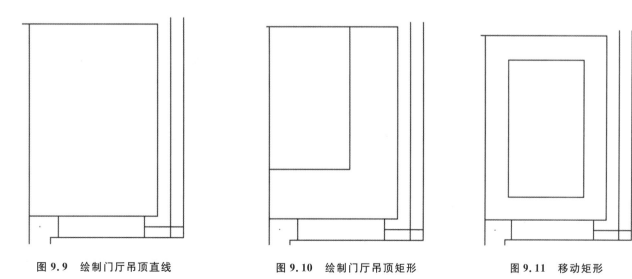

图 9.9　绘制门厅吊顶直线　　　图 9.10　绘制门厅吊顶矩形　　　图 9.11　移动矩形

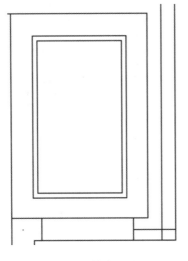

图 9.12　偏移矩形

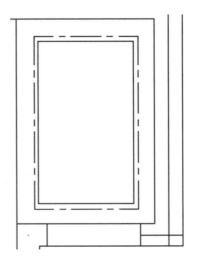

图 9.13　改变线型

图 9.14　厨房顶棚图案填充参数

话框中,设置填充比例为"50",单击"确定"按钮完成填充,效果如图 9.15 所示。

采用同样的方法填充卫生间,填充参数为:图案"LINE",角度"90",比例"50",效果如图 9.16 和图 9.17 所示。

图 9.15　厨房顶棚填充效果

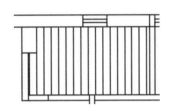

图 9.16　主卫顶棚填充效果

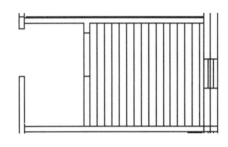

图 9.17　公卫顶棚填充效果

▲ 说明

住宅空间的厨房和卫生间,考虑到要防水、防潮,顶棚一般采用铝合金扣板吊顶。铝合金扣板分为吸音板和装饰板两种,吸音板孔型有圆孔、方孔、长圆孔、长方孔、三角孔、大小组合孔等,其特点是具有良好的防腐、防震、防水、防火、吸音性能,表面光滑。底板大都是白色或铅灰色。装饰板特别注重装饰性,线条简洁流畅,按颜色分有古铜、黄金、红、蓝、奶白等颜色,按形状分有条形、方形、格栅形等,但格栅形是不能用于厨房、卫生间吊顶的。

一般厨房和卫生间都采用条形或方形铝扣板,方形板的规格有 600 mm×600 mm,300 mm×300 mm。

9.4
布　置　灯　具

灯具的选择与布置需要综合考虑室内效果、室内光环境和绿色环保、节能等方面的因素。

本例顶棚图的灯具布置比较简单,操作步骤如下。

(1) 新建"灯具"图层,如图 9.18 所示,并设置为当前层。

图 9.18　灯具图层参数

(2) 绘制吸顶灯。单击"绘图"工具栏中的"圆"按钮⊙,在图中绘制一个半径为 70 mm 的圆形,如图 9.19 所示。单击"修改"工具栏中的"偏移"按钮⊿,偏移距离分别为 60 mm、40 mm,将圆向外偏移出两个圆形,形成如图 9.20 所示圆环。

图 9.19　绘制圆

图 9.20　偏移圆

绘制长度为 500 mm 的水平和垂直直线各一条,垂直相交于中点,将直线移动到圆环圆心,交点与圆心重合,如图 9.21 所示。将"吸顶灯"移动到生活阳台,如图 9.22 所示。

图9.21 绘制十字图形

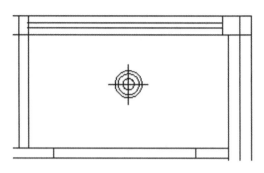

图9.22 布置生活阳台吸顶灯

(3) 布置其他灯具。

① 插入过道筒灯。单击"绘图"工具栏中的"插入块"按钮 ，弹出"插入"对话框，如图9.23所示，单击"浏览"按钮，打开"选择图形文件"对话框，如图9.24所示，选择灯具所在目录路径，单击要选择的灯具"筒灯"，单击"打开"按钮，此时回到"插入"对话框，单击"确定"按钮，在入口门厅、走廊过道、卧室过道和主阳台过道吊顶上指定灯具插入点位置、输入比例因子和旋转角度等，如图9.25至图9.27所示。

图9.23 "插入"对话框

图9.24 "选择图形文件"对话框

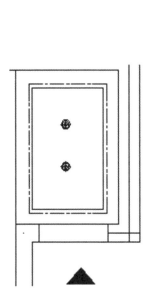

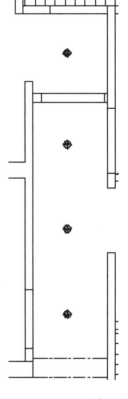

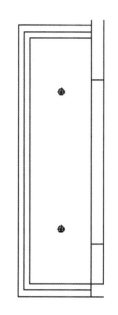

图 9.25　布置入口门厅过道筒灯　　　　　图 9.26　布置卧室和走廊过道筒灯　　　　　图 9.27　布置阳台过道筒灯

　　② 插入客厅及餐厅灯具。采用同样插入块的方法或者复制"筒灯"图块,插入到客厅及餐厅处,并找到"客厅吸顶灯"和"射灯.dwg"图块,插入到客厅对应位置上,效果如图 9.28 和图 9.29 所示。

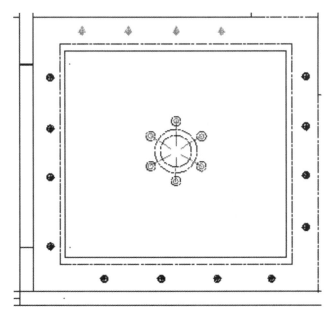

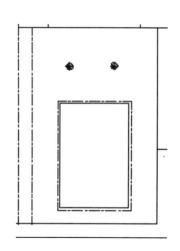

图 9.28　客厅灯具布置　　　　　　　　　　　图 9.29　餐厅灯具布置

③ 插入卧室和书房灯具。单击"绘图"工具栏的"插入块"按钮 ，找到"房间吸顶灯.dwg"图块并插入到主卧、次卧和书房对应位置上，如图9.30至图9.32所示。

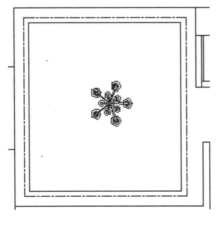

图9.30　主卧灯具布置

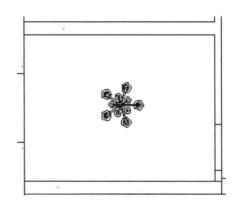

图9.31　次卧灯具布置

④ 插入厨房灯具。单击"绘图"工具栏的"插入块"按钮 ，找到"厨房灯具.dwg"图块并插入到厨房对应位置上，如图9.33所示。

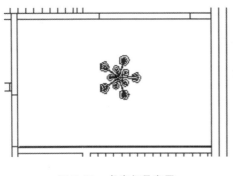

图9.32　书房灯具布置

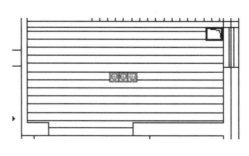

图9.33　厨房灯具布置

⑤ 插入卫生间灯具。单击"绘图"工具栏的"插入块"按钮 ，找到"卫生间吸顶灯.dwg"图块并插入到公卫、主卫对应位置上，如图9.34和图9.35所示。

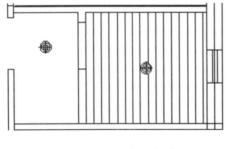

图9.34　公卫灯具布置

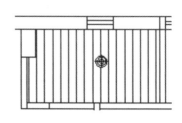

图9.35　主卫灯具布置

9.5
标 注 尺 寸

　　顶棚图的尺寸标注主要是对吊顶、灯具的位置进行标注。打开"尺寸"图层,置为当前图层,尺寸标注的结果如图 9.36 所示。

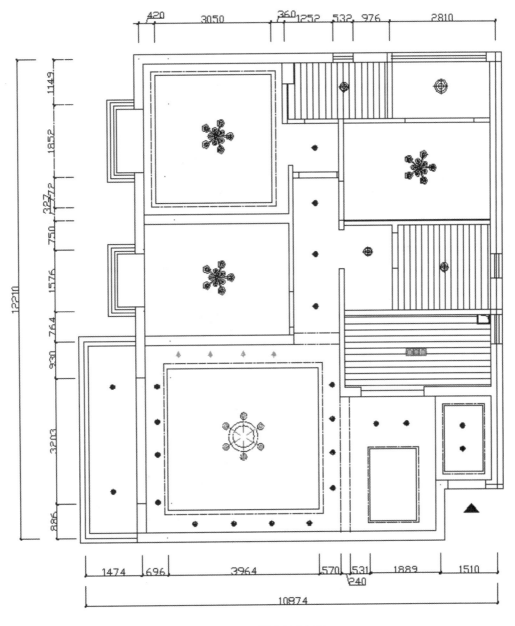

图 9.36　顶棚图尺寸标注

9.6
文本注释及符号索引

在顶棚图中,需要对各个顶棚材料名称、顶棚做法和灯具名称进行说明。灯具可以直接标注在图纸灯具旁,也可以用表格单独表示,更清晰明了。

1. 文字注释

将"文字"图层置为当前层,使用"多重引线"命令,对顶棚材料进行说明,如图9.37所示。

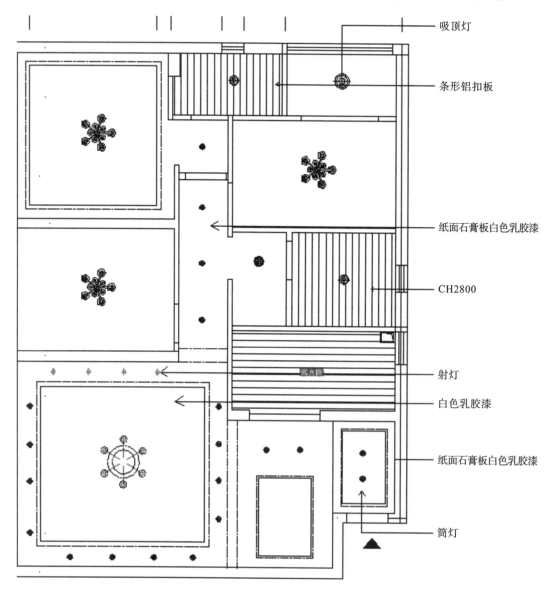

图 9.37　顶棚文字说明

2. 标 高

建筑室内施工图中标高符号如图 9.38 所示,由图可知标高符号是一个由高度为 3 mm 的等腰直角三角形与一根长度适中的直线(15~25 mm)以及标注数据三部分组成,三角形的尖端要指向标注的部位,长的横线左侧或右侧注写高度的数字,标高数字要用米为单位,注写到小数点后的第三位数,在总平面图中,可注写到小数点以后第二位数,其中零点标高应注写成±0.000,正数标高不注"+",负数标高应注"-"。在施工图中,往往有多处不同位置需要标注不同的标高,下面具体介绍怎样建立标高符号并标注不同的标高值。

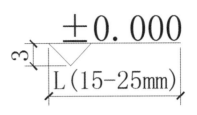

图 9.38　标高符号

(1) 使用"直线"命令,采用相对坐标绘制等腰直角三角形的两条直角边。在命令行输入"LINE",并单击回车键,命令行提示如下。

```
命令: LINE
指定第一点:  (在屏幕任意位置制定一点)
指定下一点或[放弃(U)]: @3,-3(输入点坐标)
指定下一点或[放弃(U)]: @3,3(输入点坐标)
```

(2) 重复利用"直线"命令,绘制用于标注标高数字的直线,命令行提示如下。

```
命令: LINE
指定第一点:  (捕捉 A 点为第一点,如图 9.39 所示)
指定下一点或[放弃(U)]: @16,0(输入点坐标)
指定下一点或[放弃(U)]: (回车结束命令)
```

图 9.39　绘制标高符号

(3) 定义块属性。

单击"绘图→块→定义属性"命令(见图 9.40),打开块"属性定义"对话框。

(4) 更改"属性定义"对话框内的设置,如图 9.41 所示。

▲ 说明

标记、提示、默认文本框的设置值与实际输入的标高值无关,只起到提示作用;在文字样式中选择合适样式,高度设置为"3.5"。

(5) 确定设置之后将属性置于标高符号的合适位置。块属性定义如图 9.42 所示。

(6) 单击"绘图"工具栏的"创建块"按钮 📇 ,或者在命令行输入快捷键"B",弹出"块定义"对话框,如图 9.43 所示。定义块的各项参数,如图 9.44 所示,将图块名称定义为"标高符号",在屏幕上指定块插入的基点,同时选择标高符号和属性,单击"确定"按钮后,会弹出图 9.45 所示的"编辑属性"对话框,临时将标高值定为"0.000",单击"确定"按钮。屏幕上的标高符号将变为图 9.46 所示。

图 9.40 "定义属性"命令

图 9.41 设置块"属性定义"对话框

图 9.42 定义块属性

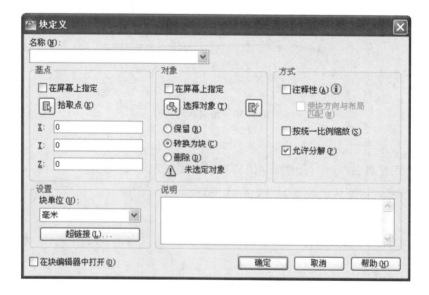

图 9.43 "块定义"对话框

▲ 注意

在定义块结束后,屏幕上的标高符号和属性将默认自动转换为图块,也可以在定义块时选择"保留"或"删除"对象,如图 9.47 所示,此选项仅针对绘图区已经画好的图元对象,删除与否都不影响后面的"插入块"命令的使用。

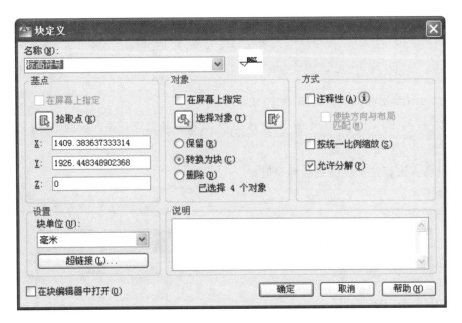

图 9.44 设置"块定义"对话框参数

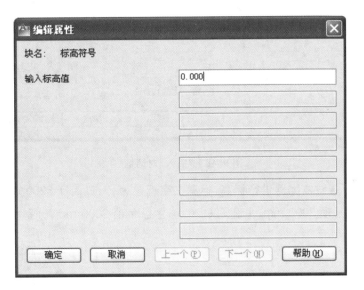

图 9.45 "编辑属性"对话框

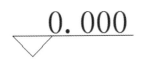

图 9.46 块定义后的标高符号

图 9.47 选择定义块后的原对象保留方式

(7) 使用"插入块"命令将标高符号图块插入合适的位置。

单击"绘图"工具栏上的"插入块"按钮，或者在命令行输入"INSERT"并单击回车键，使用命令行输入，命令行提示如下。

命令：INSERT　　（弹出插入块对话框，如图9.48所示）

指定插入点或 ［基点(B)/比例(S)/X/Y/Z/旋转(R)］：（在屏幕上选择插入块的位置）

输入属性值

输入标高值：（输入该标注部位的正确标高值）

（回车结束命令）

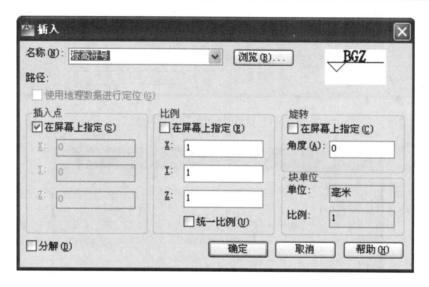

图9.48　"插入"对话框

采用上述绘制标高的方法对本案例进行标高，标高文字标注为：入口门厅3200 mm，餐厅3000 mm，客厅及餐厅3200 mm、客厅及餐厅吊顶3000 mm，主卧3200 mm，主卧吊顶3000 mm，分别如图9.49至图9.52所示。

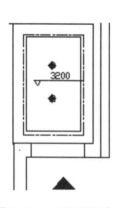

图9.49　入口门厅标高

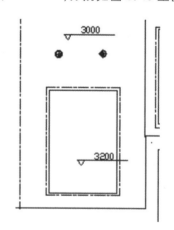

图9.50　餐厅标高

▲ 说明

标高表示建筑物的某一部分相对于基准面(零点标高)的竖向高度，是竖向定位的依据，标高按基准面选取的不同分为绝对标高和相对标高，其中绝对标高是以一个国家或者地区统一规定的基准面作为零点的标高，我

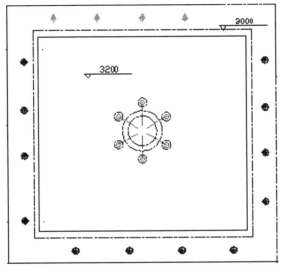

图 9.51 客厅标高

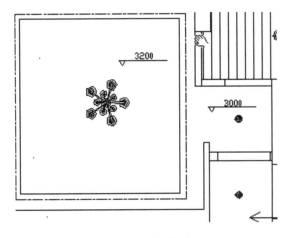

图 9.52 主卧标高

国规定以青岛附近黄海的平均海平面作为标高的零点,相对标高是以建筑物室内主要地面为零点测出的高度尺寸。

本 章 小 结

本章主要讲述了天花装饰平面图的形成和表达方式及绘制流程,并延续上章住宅空间案例详细解析了天花装饰平面图的绘制方法和相关技巧。顶棚的设计直接影响空间整体特点和氛围,要围绕整体风格,注重和墙面、基面的协调统一,同时要美观实用。顶棚的装饰要保证顶面结构的合理性和安全性,有些横梁和柱子起重要支撑作用,不能随意改变。

第10章
绘制装饰立面布局图
HUIZHI ZHUANGSHI LIMIAN BUJUTU

★ 学前指导

理论知识:主要介绍室内装饰立面图的基本知识以及绘制方法。

重点知识:掌握住宅室内装饰立面图的绘制流程和具体步骤。

难点知识:住宅空间布局及家具造型设计。

建筑立面图是用正投影法对建筑的各个外墙面进行投影从而得到的正投影图,主要用来反映建筑立面的造型和装修。本章将在上一章基础上进一步深入和完善,完整地介绍住宅装饰立面图的设计制作过程。

10.1
室内设计立面图概述

10.1.1 室内立面图的形成与表达方式

室内立面图是以平行于室内墙面的切面将前面部分切去后,剩余部分的正投影。室内立面图按正投影法绘制,主要表达室内各立面的装饰结构形状及装饰物品的布置等。立面图表达的内容有:

(1) 反映投影方向可见的室内立面轮廓、装修造型及墙面装饰的工艺要求等;

(2) 墙面装饰材料名称、规格、颜色及工艺做法等;

(3) 反映门窗及构配件的位置及造型;

(4) 反映靠墙的固定家具、灯具及需要表达的靠墙非固定家具、灯具的形状及位置关系;

(5) 反映室内需要表达的装饰构件(如悬挂物、艺术品等)的形状及位置关系;

(6) 标注各种必要的尺寸和标高。

表达方法及要求有:

(1) 按比例绘制;

(2) 立面图的顶棚轮廓线,可根据具体情况只表达吊平顶或同时吊平顶及结构顶棚;

(3) 平面形状曲折的建筑物可绘制展开室内立面图,圆形或多边形平面的建筑物,可分段展开绘制室内立面图,但均应在图名后加注"展开"二字;

(4) 室内立面图的名称,应根据平面图中内视符号的编号或字母确定;

(5) 在室内立面图上应用文字说明各部位所用面材名称、规格、颜色及工艺做法;

(6) 室内立面图标注定位轴线位置及编号应与室内平面图相对应;

(7) 室内立面图应画出门窗投影形状,并注明其大小及位置尺寸;

(8) 室内立面图应画出立面造型及需要表达的家具等物品的投影形状;

(9) 对需要详细表达的部位,应画出详图;

(10) 室内立面图中的附加物品应用图例或投影轮廓简图表示;

（11）室内立面图线宽的选用与建筑立面图相同。

10.1.2　室内立面图的绘制流程

在室内立面图中,大致按立面轮廓绘制、家具陈设立面绘制、立面装饰元素及细部处理、尺寸标注、文字说明及其他符号标注、线宽设置的顺序来绘制。

一个住宅空间的室内设计涉及的立面很多,有的很简单,不需要逐一绘制立面图,对于那些装饰比较多、结构相对复杂的,则需要配合平面图进行立面图的绘制,便于施工。本章选择了几个有代表性的立面图来介绍。

10.2
客厅立面图的绘制

图 10.1 所示的客厅 A 立面图,是客厅里主要表现的墙面,在其中需要表现空间高度上的尺寸及协调效果、客厅墙面做法、电视柜及配套设施立面、博物架里面、与墙面交接处吊顶情况及立面装饰处理等。

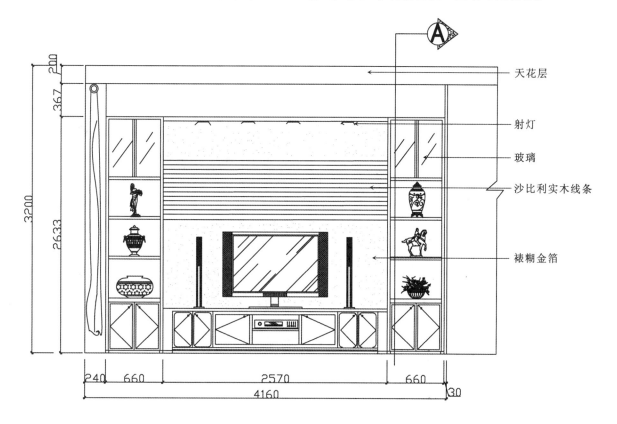

图 10.1　客厅 A 立面图

10.2.1 准备工作

(1) 打开前面绘制好的室内平面图,另存为"室内立面图"。

(2) 打开图层特性管理界面,将文字、尺寸、地面材料图层关闭,建立一个新图层,命名为"立面",参数按如图 10.2 所示进行设置,并置为当前层。

图 10.2 立面图层参数

10.2.2 绘制客厅 A 立面图的墙体轮廓

(1) 绘制立面上、下轮廓线。单击"绘图"工具栏中的"直线"按钮,绘制出一条长于客厅进深的直线,然后单击"修改"工具栏中的"偏移"按钮,将地平线向上偏移 3200 mm(为客厅的净高),绘制天花线,如图 10.3 所示。

(2) 引出立面左、右轮廓线。单击"绘图"工具栏中的"直线"按钮,绘制立面侧面竖直方向端线轮廓,如图 10.4所示,分别以客厅电视背景墙两个外角点向上引出两条直线。

(3) 修改轮廓线。单击"修改"工具栏中的"倒角"按钮,倒角距离设置为"0",然后分别单击靠近一个交点

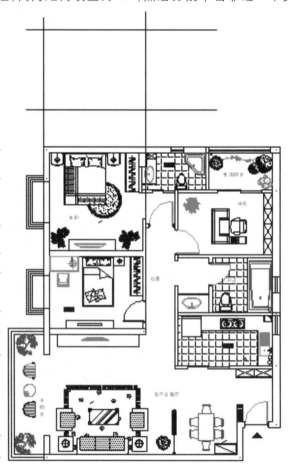

图 10.3 立面上、下轮廓线
图 10.4 引出左、右轮廓线

处两条线段需要保留的部分,从而消除不需要的伸出部分。重复该命令,对角进行处理,这样立面图外轮廓线就画好了,如图 10.5 所示。

图 10.5 立面外轮廓线

▲ 说明

其实直接使用"矩形"命令绘制一个 4160 mm×3200 mm 的矩形作为立面轮廓也是可以的,上面介绍的方法是告诉读者如何由平面图引出立面图。

(4) 绘制轮廓线延伸部分。从上一章顶棚图绘制中,我们知道客厅电视背景墙顶棚有横梁,延伸到走廊过道,所以我们要绘制天花板延伸部分,单击"绘图"工具栏中的"直线"按钮,绘制如图 10.6 所示效果。

(5) 绘制吊顶剖切线。单击"修改"工具栏中的"偏移" 按钮,将上面一条水平立面轮廓线向下偏移复制出另外一条水平线,偏移量为 200 mm(即墙边吊顶高度),这条直线为吊顶的剖切线,如图 10.7 所示。

图 10.6 绘制背景墙体横梁延伸部分

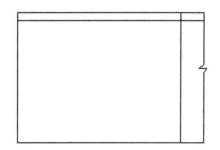

图 10.7 绘制吊顶剖切线

(6) 绘制垂直内墙线。单击"修改"工具栏中的"偏移" 按钮,将左侧一条垂直立面轮廓线向右偏移复制出另外一条垂直线,偏移量为 240 mm(既内墙线),如图 10.8 所示。

移动左侧内墙线和右侧轮廓线与吊顶水平线相交,如图 10.9 所示。

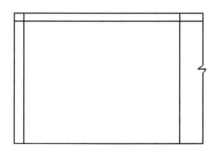

图 10.8 绘制垂直内墙线

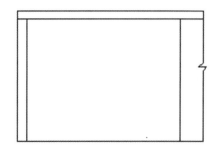

图 10.9 修改内墙线位置

10.2.3 绘制并布置客厅吊顶

(1) 绘制射灯吊顶线。单击"修改"工具栏中的"偏移"按钮,将吊顶剖析线向下偏移 367 mm、44 mm,复制出两条水平线。将左、右两侧内墙线向内部偏移 660 mm,复制出两条垂直线,如图 10.10 所示。

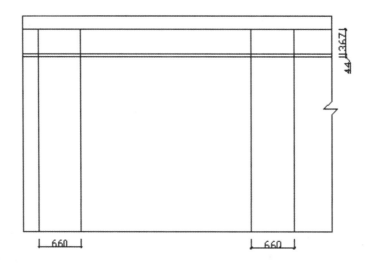

图 10.10　偏移吊顶剖析线

(2) 修改吊顶线。修改几条偏移得到的直线夹点位置,最终效果如图 10.11 所示。

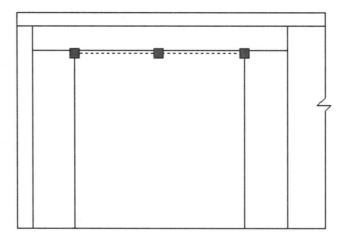

图 10.11　修改射灯吊顶线位置

(3) 插入射灯。单击"绘图"工具栏的"插入块"按钮 ,找到"客厅射灯立面.dwg"并插入到立面图中对应位置,效果如图 10.12 所示。

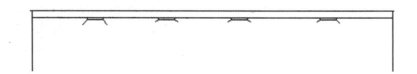

图 10.12　插入射灯图块

10.2.4 绘制并布置客厅家具

1) 绘制博物架

(1) 绘制博物架轮廓。单击"绘图"工具栏中的"直线"按钮和"修改"工具栏中的"偏移"按钮,按比例分割立面,绘制右侧博物架轮廓,如图 10.13 所示。

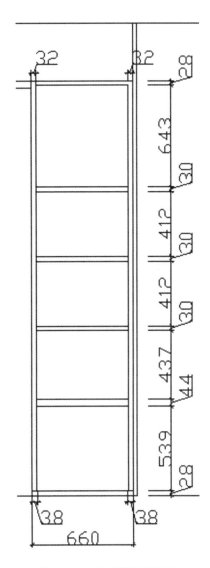

图 10.13 右侧博物架轮廓

(2) 绘制博物架玻璃门。单击"绘图"工具栏中的"直线"按钮,绘制博物架上玻璃门中线,如图 10.14 所示。单击"绘图"工具栏中的"偏移"按钮,将中线向左、右两侧各偏移 20 mm,绘制玻璃门框,得到如图 10.15 所示的效果。

使用"直线"命令绘制几条倾斜直线,表示玻璃门,效果如图 10.16 所示,完成玻璃门绘制。

(3) 绘制博物架木门。单击"绘图"工具栏中的"直线"按钮,绘制如图 10.17 所示博物架下部分木门中线。使用"偏移"按钮将四周直线向内偏移 20 mm,如图 10.18 所示。偏移得到的直线夹点,最终得到如图 10.19 所示效果。

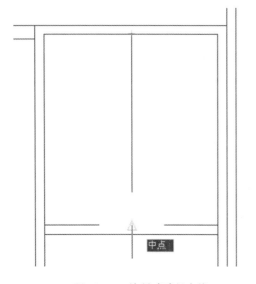

图 10.14　绘制玻璃门中线

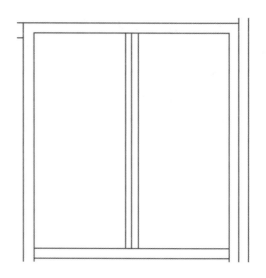

图 10.15　向两侧偏移中线 20 mm

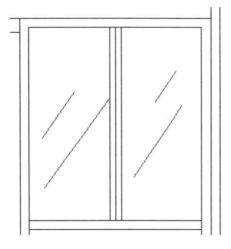

图 10.16　玻璃门最终效果

图 10.17　绘制木门中线

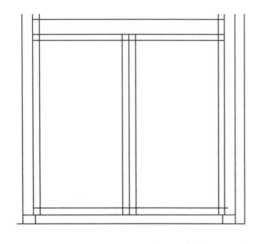

图 10.18　偏移四周直线绘制木门

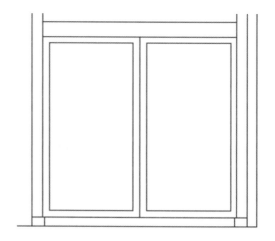

图 10.19　修改直线夹点得到木门

单击"绘图"工具栏中的"直线"按钮和"矩形"按钮,勾画门扇开启方向立面轮廓线和门把手,如图 10.20 所示。

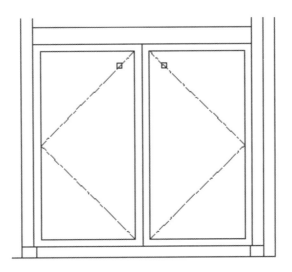

图 10.20　绘制门开启方向

(4) 复制左侧博物架。博物架右侧造型完成效果如图 10.21 所示,使用"带基点复制"命令将博物架复制插入到墙面左侧,如图 10.22 所示。

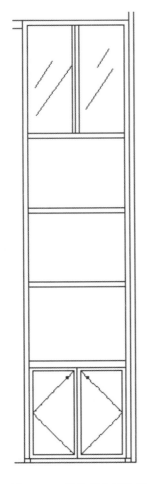

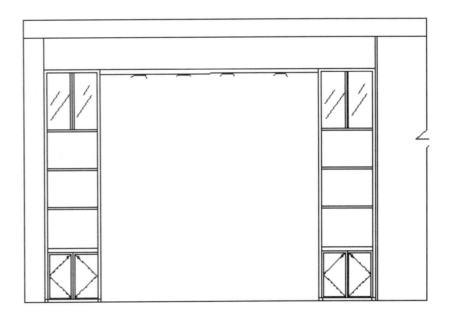

图 10.21　博物架右侧造型　　　　　　　　　　　图 10.22　博物架效果图

（5）插入博物架摆件。单击"绘图"工具栏的"插入块"按钮，找到"客厅雕像立面1.dwg""客厅雕像立面2.dwg""客厅花瓶立面1.dwg""客厅花瓶立面2.dwg""客厅花瓶立面3.dwg""客厅花瓶立面4.dwg"图块，并插入到立面图中对应位置，效果如图10.23所示。

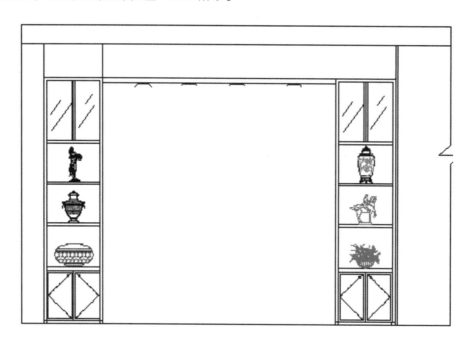

图10.23　插入博物架摆件

2）绘制电视柜

（1）绘制电视柜外轮廓。单击"绘图"工具栏的"矩形"按钮，在博物架之间绘制一个高为500 mm的矩形，如图10.24所示。使用"修改"工具栏的"分解"按钮，将矩形分解。

图10.24　绘制电视柜外轮廓

（2）绘制电视柜内轮廓。单击"绘图"工具栏中的"偏移"按钮，将分解后的最上方水平线向下偏移30 mm、36 mm，将最下方水平线向上偏移28 mm、12 mm、23 mm、36 mm，如图10.25所示。

图10.25　偏移电视柜水平轮廓线

使用"直线"按钮绘制电视柜垂直对称线，如图10.26所示。再将左侧垂直线轮廓线分别向右偏移六条直线，偏移量分别为110 mm、230 mm、230 mm、30 mm、288 mm、30 mm，如图10.27所示。

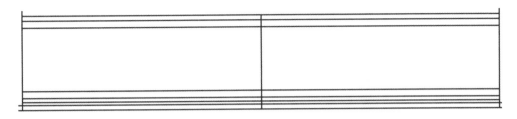

图 10.26　绘制电视柜垂直对称线

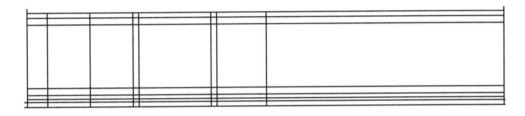

图 10.27　偏移电视柜垂直轮廓线

使用"直线"按钮绘制如图 10.28 所示水平对称线,再分别向上、下偏移 10 mm,最后删除对称线,电视柜隔板效果如图 10.29 所示。

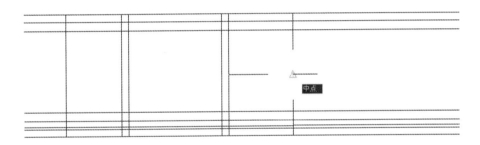

图 10.28　绘制水平对称线

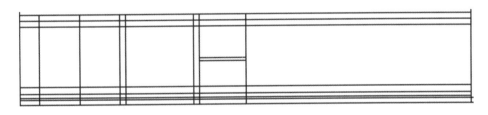

图 10.29　绘制电视柜隔板

修剪直线或者修改直线夹点位置,完成如图 10.30 所示效果。

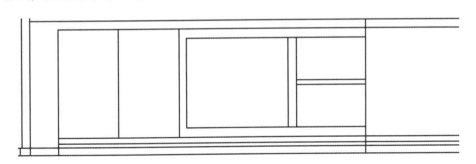

图 10.30　绘制电视柜内轮廓

（3）绘制电视柜柜门。使用"绘图"工具栏的"直线"按钮和"圆弧"按钮,绘制柜门造型,如图 10.31 所示。使用"直线"按钮和"矩形"按钮,绘制柜门开启方向立面轮廓线和把手,如图 10.32 所示。

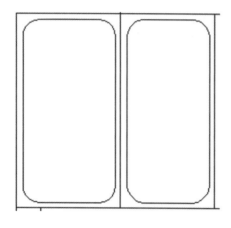

图 10.31　绘制电视柜柜门轮廓

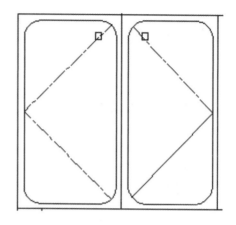

图 10.32　绘制电视柜开启方向和把手

采用同样的方法绘制另外一个柜门,如图 10.33 所示。

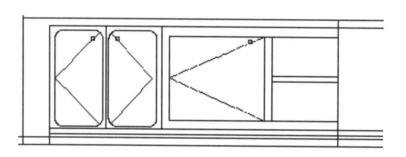

图 10.33　绘制另一柜门

使用"修改"工具栏的"镜像"按钮,以电视柜垂直对称线为镜像线,复制左侧电视柜,删除对称线,修改部分直线,最终完成电视柜绘制,效果如图 10.34 所示。

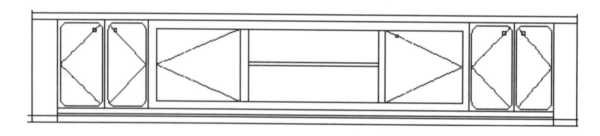

图 10.34　电视柜效果

（4）插入电视柜图块。单击"绘图"工具栏的"插入块"按钮 🔲 ,找到"客厅电视机立面.dwg""音响组合里面.dwg"图块,并插入到电视柜立面图中对应位置,完成家具的布置,最终效果如图 10.35 所示。

图 10.35　家具布置效果

10.2.5　绘制并布置客厅电视墙

电视背景墙面采用沙比利实木线条做局部造型,其他部分用金箔裱糊。

(1) 绘制实木线条造型。使用"修改"工具栏"偏移"按钮,将射灯吊顶水平线向下偏移出两条水平线,偏移量分别为 440 mm、660 mm,如图 10.36 所示。

在两条水平线之间,绘制实木线条造型。可使用"偏移"命令,偏移量为 50 mm,如图 10.37 所示。

(2) 绘制墙面金箔。使用"绘图"工具栏"点"按钮,绘制墙面金箔效果,最终效果如图 10.38 所示。

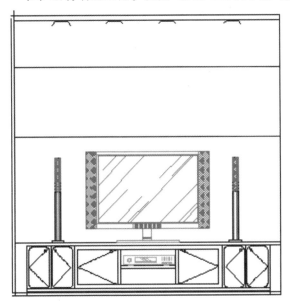

图 10.36　偏移水平线

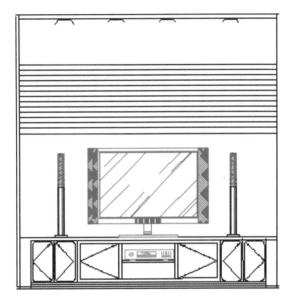

图 10.37　电视墙实木线条造型

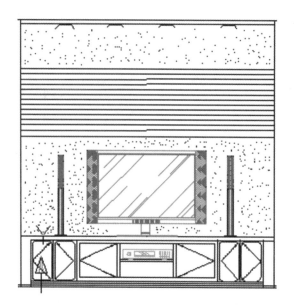

图 10.38　墙面效果

（3）插入窗帘。单击"绘图"工具栏的"插入块"按钮，找到"客厅窗帘立面.dwg"并插入到左侧 240 mm 厚墙体立面图对应位置,最终效果如图 10.39 所示。

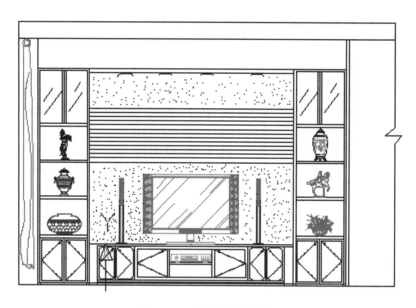

图 10.39　客厅电视墙效果

10.2.6　进行尺寸标注、文字说明和符号标注

1. 尺寸标注

1）图形比例调整

室内平面图采用的比例是 1∶100,而现在的立面图采用的比例是 1∶50,为了使立面图和平面图匹配,要将立面图比例放大 2 倍,而将尺寸标注样式中的"单位测量比例因子"缩小 1 倍。

(1) 单击"缩放"按钮 ，将完成的立面图全部选中，选取左下角为基点，在命令行中输入比例因子为"2"，单击回车键完成。此时，立面图图例的集合尺寸变大，为原来的 2 倍。

(2) 如图 10.40 所示，以"室内"尺寸标注样式为基础样式，新建一个"立面"尺寸样式，将"新建标注样式：立面"对话框中的"主单位"选项卡中的测量单位比例因子设置为"0.5"，如图 10.41 所示，其他部分保持不变。将"立面"样式置为当前样式。

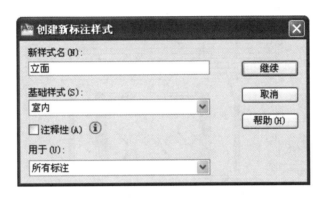

图 10.40　创建立面标注样式

图 10.41　标注样式设置

2）尺寸标注

在该立面图中，标注客厅净高、吊顶高度、博物架尺寸、电视柜尺寸及各种陈设相对位置尺寸等，将"尺寸"图层置为当前图层。采用"线型标注"按钮 和"连续标注"按钮 进行标注，如图 10.42 所示。

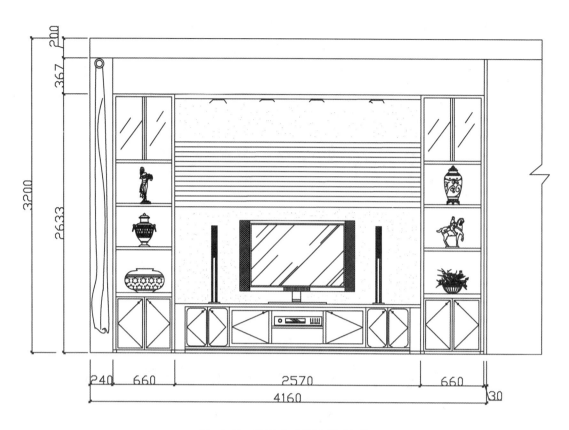

图 10.42 客厅 A 立面图尺寸标注

2. 文字说明

在该立面图中,需要说明的是电视背景墙、吊顶、博物架材料。将"文字"图层置为当前层,使用"直线"命令绘制引线,再按照如图 10.43 所示完成文字标注。

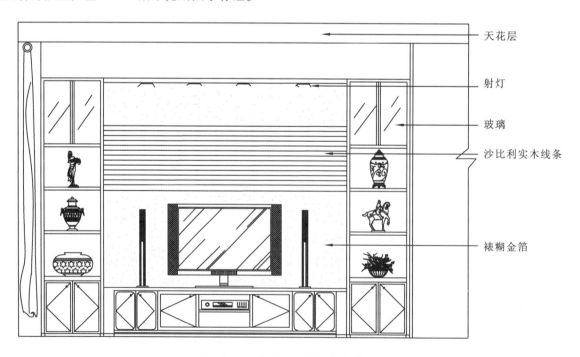

图 10.43 客厅 A 立面图文字说明

3. 其他符号标注

（1）将"符号"层设为当前层。

（2）单击"绘图"工具栏的"直线"按钮 ✏ 和"圆"按钮 ◉ ，绘制如图 10.44 所示索引符号。

（3）单击"绘图"工具栏中的"图案填充"按钮 ▨ ，弹出"图案填充和渐变色"对话框，选择填充图案为"AR-CONC"，颜色为"白"，再单击"拾取点"按钮 ⊞ ，在圆和直线内部单击一下，单击回车键后在弹出的"图案填充和渐变色"对话框中单击"确定"按钮完成填充，效果如图 10.45 所示。

（4）使用"多行文字"命令，字体为"AIGDT"，高度为"400"，在圆圈内输入编号"A"，效果如图 10.46 所示。

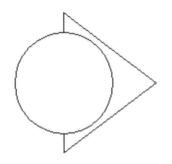
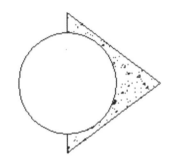
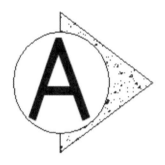

图 10.44　绘制索引符号　　　　　图 10.45　填充效果　　　　　图 10.46　添加索引编号

（5）把索引符号放在图 10.47 所示的位置上，并用直线绘制符号对应指向。

（6）使用"多行文字"命令和"直线"命令，在立面图的下方注明图名和比例，如图 10.48 所示。

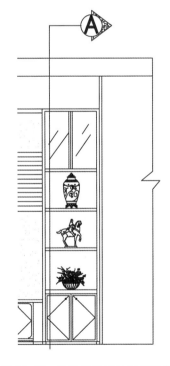

客厅A立面图　1:50

图 10.47　绘制索引符号指向线条　　　　　图 10.48　立面图图名及比例

至此，客厅 A 立面图就大致完成了，整体效果如图 10.49 所示。

参照客厅 A 立面图的绘制方法，对客厅其他立面图进行绘制，效果如图 10.50 所示。

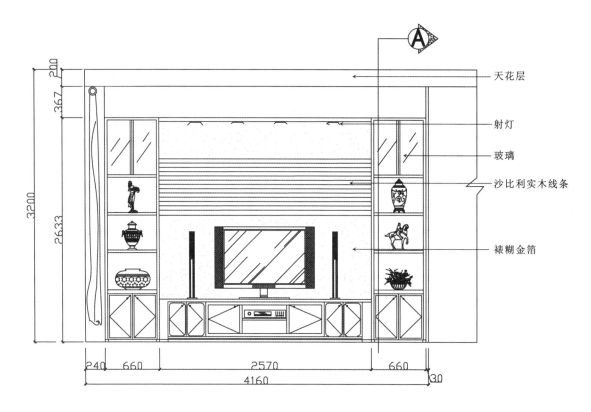

天花层
射灯
玻璃
沙比利实木线条
裱糊金箔

200
367
3200
2633

240   660   2570   660   30
4160

客厅A立面图   1:50

图 10.49   客厅 A 立面图

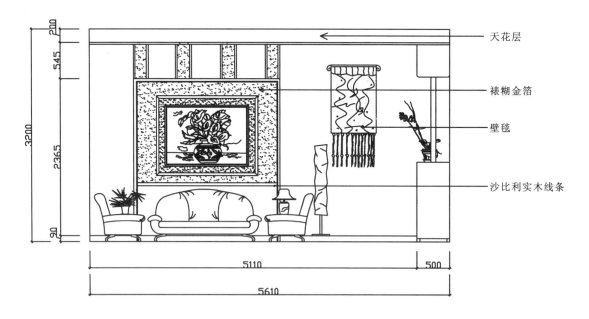

天花层
裱糊金箔
壁毯
沙比利实木线条

200
545
3200
2365
90

5110   500
5610

客厅B立面图

图 10.50   客厅 B 立面图

10.3
主卧室立面图的绘制

图 10.51 所示立面图是主卧室的一个主要墙面,本例中主卧室墙面做了背景处理,原墙扫白后,床的正上方采用沙比利饰面板做框架造型,中间配以人造皮革、木质雕花,并按照射灯辅助照明。在立面图中需要表现的内容有空间高度上的尺度及协调效果、墙面做法、双人床及配套设施立面、衣柜剖面及其他立面装饰处理等。

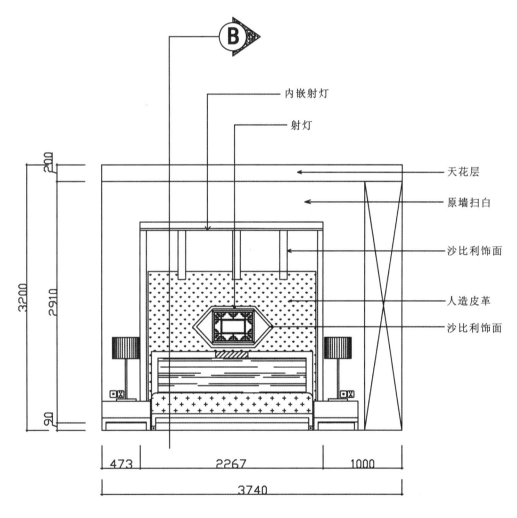

图 10.51　主卧室 A 立面图

▲ 说明

沙比利是一种硬木,心材淡红色或暗红褐色,重量、弯曲强度、抗压强度、抗震性能、抗腐蚀性和耐用性中等。可用于普通家具、细木家具、装饰单板、镶板、地板、室内外连接用木构件、门窗基架、门、楼梯、船具等交通工具和钢琴面板。

10.3.1 准备工作

新建文件,进行系统设置,操作如下。

1) 单位设置

命令: units(回车)。

在弹出的"图形单位"对话框中进行图 10.52 所示的设置,然后单击"确定"按钮完成。

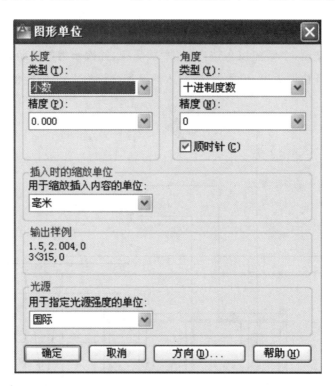

图 10.52 "图形单位"对话框

2) 图形界限设置

命令:Limits。

重新设置模型空间界限:

指定左下角点或［开(ON)/关(OFF)］〈0.000,0.000〉:(回车)

指定右上角点〈420.000,297.000〉:42000,29700(回车)。

10.3.2 绘制主卧室立面图的墙体轮廓

(1) 主卧室墙体轮廓可以和上例客厅 A 立面图绘制方法一样由平面图引出,也可以直接绘制一个 3740 mm×3200 mm 的矩形。本例采用直接绘制方法,结果如图 10.53 所示。

(2) 使用"偏移"命令将天花线向下偏移 200 mm,绘制吊顶线,如图 10.54 所示。

图 10.53　主卧室 A 立面轮廓

图 10.54　绘制吊顶线

10.3.3　绘制并布置家具

1. 绘制衣柜剖面

使用"偏移"命令将右侧墙线向左偏移 477 mm,复制出衣柜轮廓线,如图 10.55 所示。修改衣柜轮廓线交点位置,与吊顶水平线相交,如图 10.56 所示。

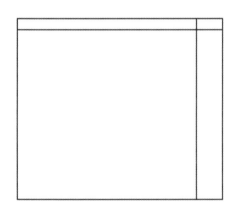

图 10.55　绘制衣柜轮廓线

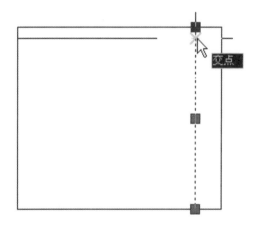

图 10.56　修改轮廓线交点位置

使用"直线"命令绘制如图 10.57 所示的相交线,完成衣柜剖面立面绘制。

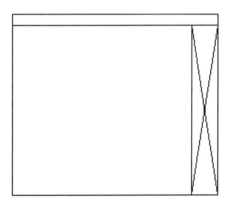

图 10.57　衣柜侧面剖面

2. 绘制床头墙面造型

（1）综合利用"直线""偏移""修剪"等命令，按如图10.58所示尺寸进行墙面造型绘制。

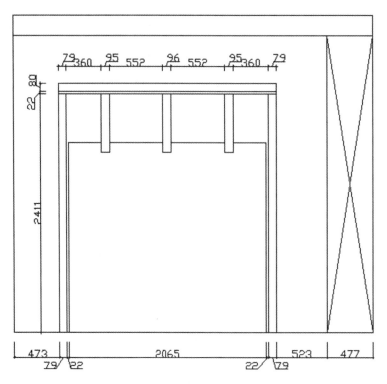

图 10.58　墙面造型绘制

（2）插入墙面雕花。单击"绘图"工具栏中的"插入块"按钮 ，找到"主卧室墙面雕花.dwg"并插入到图10.59所示的位置。

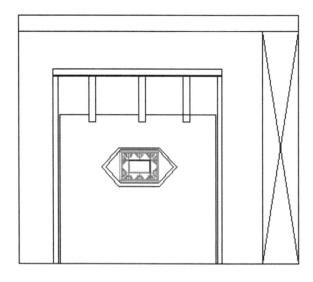

图 10.59　插入雕花图块

3. 布置家具

（1）插入床及床头柜。单击"绘图"工具栏中的"插入块"按钮 ，找到"主卧室床头柜及台灯.dwg"并插入到对应位置,修改部分墙面造型线段,最终效果如图 10.60 所示位置。

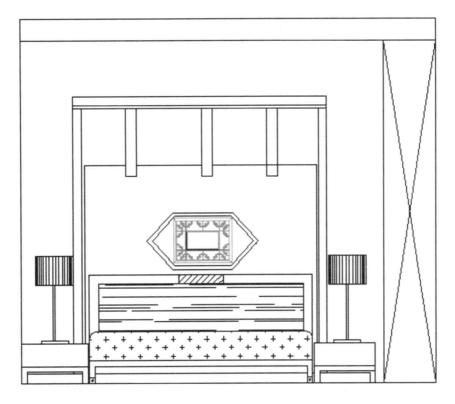

图 10.60　插入床及床头柜

(2) 插入墙面插座。单击"绘图"工具栏的"插入块"按钮 🗔 ,找到"主卧室墙上插座.dwg"并插入到如图 10.61所示位置。重复上述步骤或者使用"复制"命令,在左侧床头柜上插入插座,如图 10.62 所示。

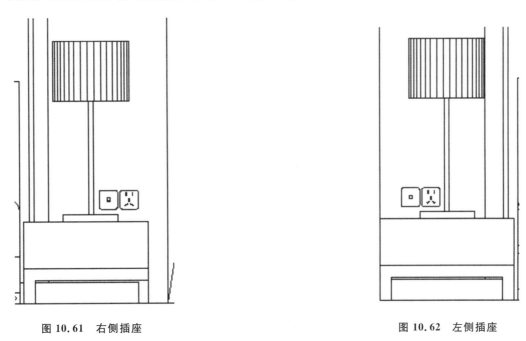

图 10.61　右侧插座　　　　　　　　　　　　图 10.62　左侧插座

(3) 床头墙面处理。使用"图案填充"按钮 ▨ ,在弹出的对话框中,选择"GRASS"图案,比例输入"3",如图 10.63 所示设置。采用"拾取点"方式选中床上墙面中间部分,完成效果如图 10.64 所示。

图 10.63　图案填充参数设置

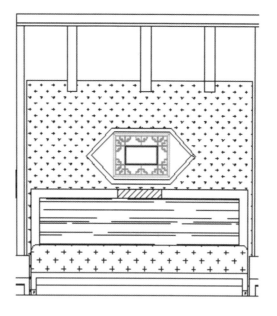

图 10.64　墙面材质填充效果

10.3.4　进行尺寸标注、文字说明和符号标注

1. 尺寸标注

在该立面图中,标注主卧净高、吊顶高度及各种陈设相对位置尺寸等,将"尺寸"图层置为当前层。采用"线

型标注"按钮 和"连续标注"按钮 进行标注,如图 10.65 所示。

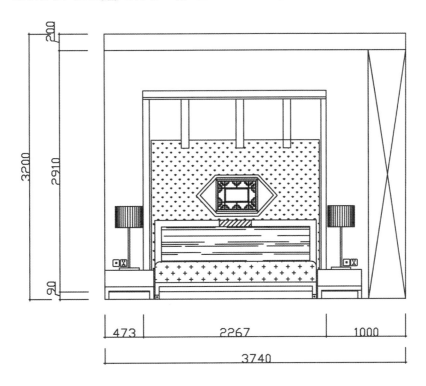

图 10.65　主卧室 A 立面尺寸标注

2. 文字说明

在该立面图中,需要说明的是吊顶、床头背景墙造型材料。将"文字"图层置为当前层,使用"直线"命令绘制引线,再按照如图 10.66 所示完成文字标注。

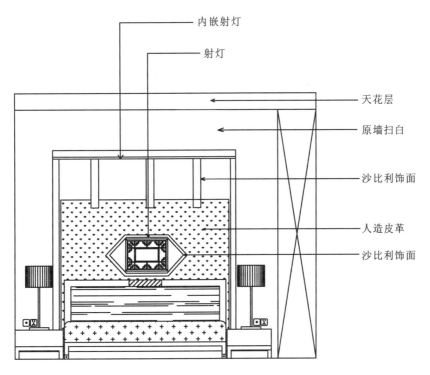

图 10.66　主卧室 A 立面文字说明

3. 符号标注

采用客厅 A 立面图绘制符号方法进行绘制,步骤如下。

(1) 将"符号"层设为当前层。

(2) 单击"绘图"工具栏的"直线"按钮 ╱ 和"圆"按钮 ⊙ ,绘制索引符号,并使用"图案填充"按钮 ▨ ,选择填充图案为"AR－CONC",进行符号填充。

(3) 使用"多行文字"命令在圆圈内输入编号"B",索引符号效果如图 10.67 所示。

(4) 把索引符号放置在对应位置上,并用直线绘制符号对应指向。

(5) 使用"多行文字"命令和"直线"命令,在立面图的下方注明图名符号,至此,客厅 A 立面图就大致完成了,整体效果如图 10.68 所示。

图 10.67　索引符号

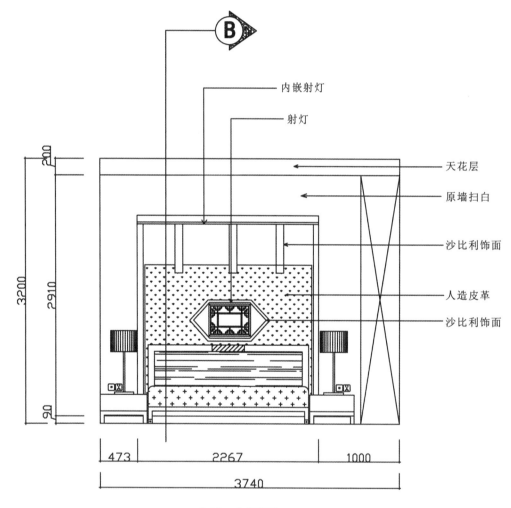

图 10.68　主卧室 A 立面最终效果

参照主卧室 A 立面图的绘制方法,对主卧其他立面进行绘制,效果如图 10.69 所示。

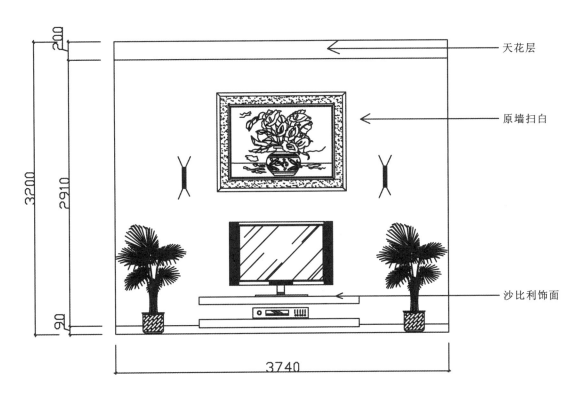

主卧B立面图

图 10.69 主卧 B 立面图

10.4
厨房立面图的绘制

图 10.70 所示立面图,是厨房的一个墙面,其中需要表现的内容有操作案台立面、吊柜立面、橱柜电器立面、墙面做法等。

10.4.1 准备工作

新建文件,进行系统设置,操作如下。

1. 单位设置

命令:units(回车)。弹出"图形单位"对话框,如图 10.71 所示进行设置,然后单击"确定"按钮完成。

2. 图形界限设置

命令:Limits。

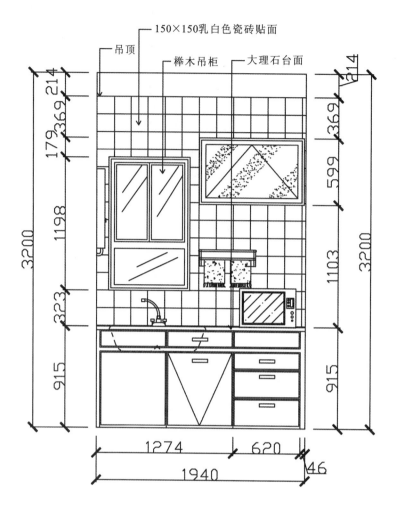

图 10.70　厨房立面图

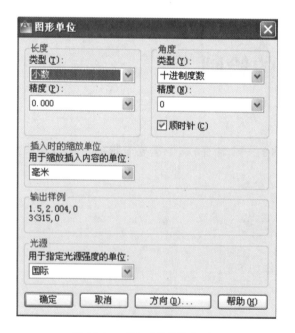

图 10.71　"图形单位"对话框

重新设置模型空间界限：

指定左下角点或［开（ON）/关（OFF）］〈0.000,0.000〉:（回车）

指定右上角点〈420.000,297.000〉: 42000,29700（回车）

10.4.2　绘制厨房立面图墙体轮廓

（1）使用"直线"命令绘制一个 1940 mm×3200 mm 的矩形，如图 10.72 所示。

（2）使用"偏移"命令将天花线向下偏移 214 mm，绘制吊顶线，如图 10.73 所示。

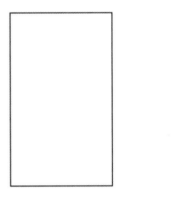

图 10.72　厨房立面轮廓

图 10.73　绘制吊顶水平线

10.4.3　绘制并布置厨房设施

1. 下柜体立面

本例中下柜柜体案台高度为 882 mm、台面为 33 mm 厚度的大理石，内嵌洗菜盆。其表面与案台相平。

（1）使用"偏移"命令，输入偏移距离为 915 mm，单击地面线，偏移出台面线，如图 10.74 所示。

（2）重复"偏移"命令，由台面线向下偏移出六条直线，偏移间距依次为 33 mm、158 mm、33 mm、165 mm、255 mm、24 mm；由左侧墙线向右偏移出四条直线，偏移间距依次为 32 mm、621 mm、620 mm、45 mm，结果如图 10.75 所示。

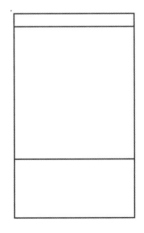

图 10.74　偏移直线 1

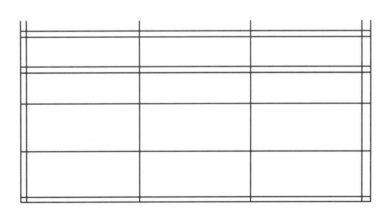

图 10.75　偏移直线 2

（3）调整案台直线夹点，如图 10.76 所示。

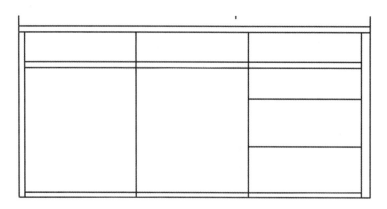

图 **10.76** 案台直线调整效果

（4）使用"多线"命令，按命令行提示进行操作。

```
命令: _mline
当前设置: 对正 = 上,比例 = 20.00,样式 = STANDARD
指定起点或 [对正(J)/比例(S)/样式(ST)]: s
输入多线比例〈20.00〉: 11
当前设置: 对正 = 上,比例 = 11.00,样式 = STANDARD
指定起点或 [对正(J)/比例(S)/样式(ST)]: j
输入对正类型 [上(T)/无(Z)/下(B)]〈上〉: t
当前设置: 对正 = 上,比例 = 11.00,样式 = STANDARD
指定起点或 [对正(J)/比例(S)/样式(ST)]:
```

按图 10.77 所示用鼠标沿上一步所绘制的辅助直线绘制柜体框架。

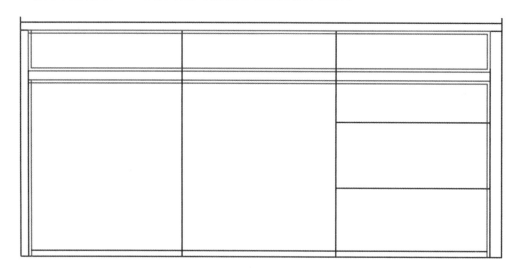

图 **10.77** 绘制下柜框架

（5）重复"多线"命令，按命令行提示进行操作。

```
命令: _mline
当前设置: 对正 = 上,比例 = 11.00,样式 = STANDARD
指定起点或 [对正(J) /比例(S) /样式(ST)]: s
输入多线比例〈11.00〉: 22
当前设置: 对正 = 上,比例 = 22.00,样式 = STANDARD
指定起点或 [对正(J) /比例(S) /样式(ST)]: j
输入对正类型 [上(T) /无(Z) /下(B)]〈上〉: z
当前设置: 对正 = 无,比例 = 22.00,样式 = STANDARD
指定起点或 [对正(J) /比例(S) /样式(ST)]:
```

按图 10.78 所示继续绘制柜体抽屉之间的边框。

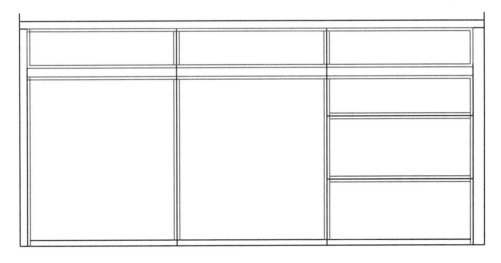

图 10.78　绘制下柜抽屉之间的边框

　　(6) 使用"修改"工具栏中的"分解"按钮 ，将多线分解。再灵活使用修改直线夹点位置、"修剪"命令和"打断于点"命令等编辑方法,对柜体进行修改,结果如图 10.79 所示。

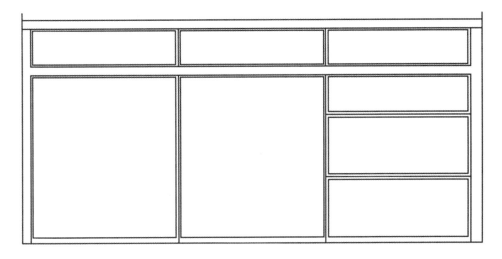

图 10.79　修改柜体直线

（7）使用"矩形"命令和"直线"命令，绘制柜体拉手和柜体门开启方向，如图 10.80 所示。

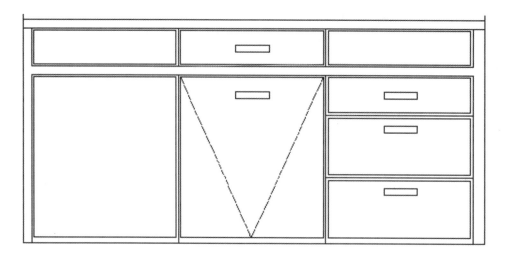

图 10.80　绘制柜体拉手和门开启方向

（8）洗菜盆、水龙头绘制如图 10.81 所示，水龙头图案由直线和弧线组成，综合使用"直线"命令和"圆弧"命令及相关的常用编辑命令就可以完成。

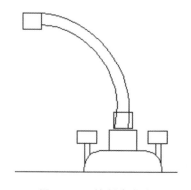

图 10.81　绘制水龙头

（9）洗菜盆绘制如图 10.82 所示，洗菜盆图案由直线和弧线组成，可使用"直线"命令和"圆弧"命令及相关的常用编辑命令。使用"圆弧"命令绘制下水槽时，线型选择虚线。

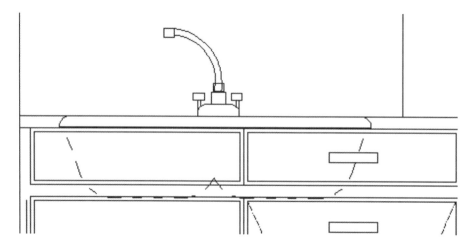

图 10.82　绘制洗菜盆

下柜柜体最终效果如图 10.83 所示。

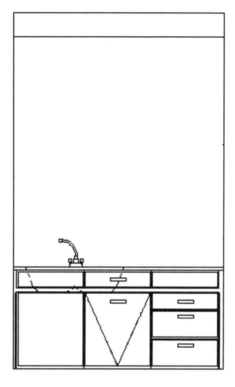

图 10.83 下柜造型效果

2. 吊柜立面

（1）绘制一个 1200 mm×760 mm 矩形，放在距离案台台面线上方 323 mm 的地方，如图 10.84 所示。

（2）使用"偏移"命令，将矩形向内偏移 20 mm 的距离，如图 10.85 所示。重复"偏移"命令，将偏移得到的矩形再向内偏移 30 mm，如图 10.86 所示。

图 10.84 绘制吊柜轮廓线

图 10.85 偏移矩形 1

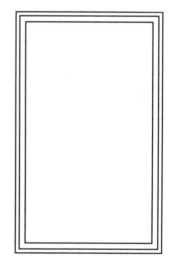

图 10.86 偏移矩形 2

（3）选择"修改"工具栏的"分解"按钮 ，将最内部的矩形分解，并将该矩形水平线向下偏移两条直线，偏移量分别为 712 mm、60 mm，如图 10.87 所示。

(4) 使用"修改"工具栏中的"打断于点"按钮 将分解后矩形的两条垂直线打断,修改其夹点,得到如图 10.88 所示效果。

(5) 使用"直线"命令绘制玻璃门中线,如图 10.89 所示。可采用绘制下柜方法,用"多线"命令绘制玻璃门四周边框,比例为"20",对正为"上",效果如图 10.90 所示。再次使用"多线"命令,比例为"40",对正为"无",绘制中线边框,效果如图 10.91 所示。

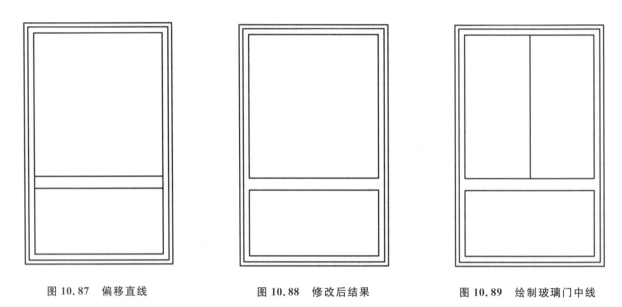

图 10.87　偏移直线　　　　　　图 10.88　修改后结果　　　　　　图 10.89　绘制玻璃门中线

(6) 使用"修改"工具栏中的"分解"按钮 ,将多线分解。再综合使用修改直线夹点位置、"修剪"命令和"打断于点"命令等编辑方法和"直线"命令,对柜体进行修改绘制,最终效果如图 10.92 所示。

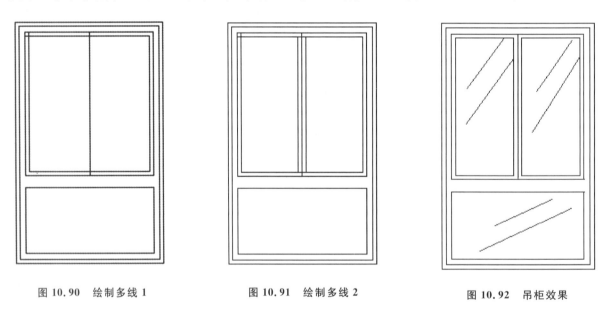

图 10.90　绘制多线 1　　　　　　图 10.91　绘制多线 2　　　　　　图 10.92　吊柜效果

(7) 插入其他设施。单击"插入块"按钮 ,找到"橱柜单开门上柜立面.dwg"并放在下柜台面线上面 1103 mm 高度的地方。重复上述命令,将"厨房毛巾杆组合立面.dwg"图块,也插入到立面图对应位置,如图 10.93 所示。

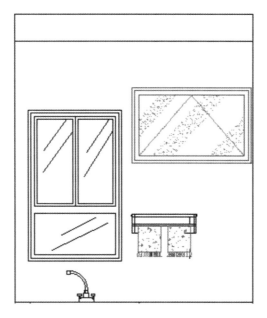

图 10.93　插入其他设施

3. 布置厨房电器

（1）绘制热水器。使用"直线"命令和"样条曲线"命令，绘制如图 10.94 所示热水器。

（2）插入微波炉。单击"插入块"按钮![](），找到"厨房微波炉立面.dwg"图块，并插入到立面图对应位置，如图 10.95 所以。

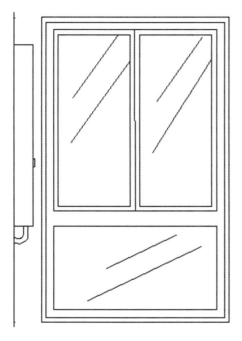

图 10.94　绘制热水器

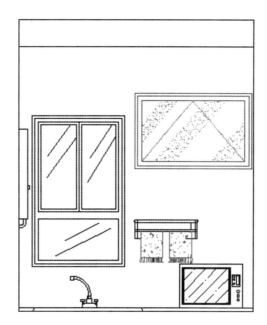

图 10.95　插入微波炉

4. 绘制墙面材料图案

本例中厨房的墙面粘贴 150 mm × 150 mm 的乳白色瓷砖。所以需要的网格是 150 mm × 150 mm 。"NET"图案的间距为"3"，所以填充比例为"50"。

(1) 单击"图案填充"命令,选择"NET"图案,比例设置为"50",设置图案填充原点默认为边界范围的"左上"。采用"拾取点"方式在空白墙面上单击一点,按右键回到填充对话框,单击"确定"按钮,填充效果如图10.96所示。

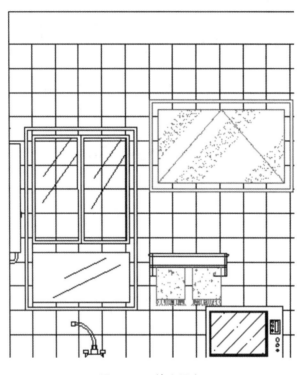

图 10.96 填充图案

(2) 选择"修改"工具栏的"分解"按钮 📄,将填充图案分解,删除多余直线,最终效果如图 10.97 所示。

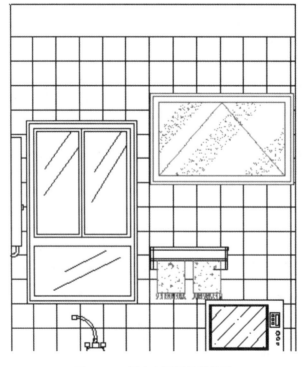

图 10.97 厨房立面最终效果图

10.4.4　进行尺寸标注、文字说明和图名标注

1. 尺寸标注

在该立面图中,标注厨房净高、吊顶高度及各种陈设相对位置尺寸等,将"尺寸"图层置为当前层。采用"线型标注"按钮 ⊢┤ 和"连续标注"按钮 ⊢┼┤ 进行标注,如图 10.98 所示。

2. 文字说明

在该立面图中,需要说明的是各部分材料、颜色及名称。将"文字"图层置为当前层,使用"直线"命令绘制引线,再按照图 10.99 所示完成文字标注。

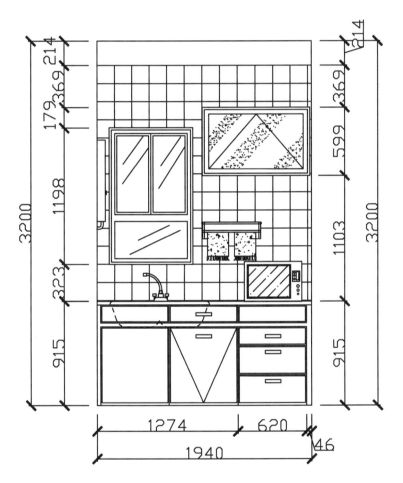

图 10.98　厨房立面图尺寸标注

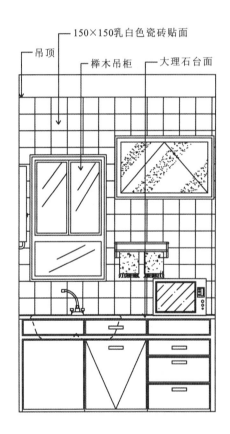

图 10.99　立面文字说明

3. 符号标注

使用"多行文字"命令和"直线"命令,在立面图的下方注明图名符号,至此,厨房立面图就大致完成了,整体效果如图 10.100 所示。

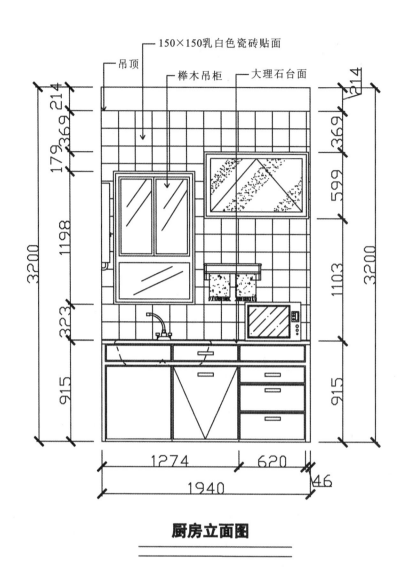

150×150乳白色瓷砖贴面

吊顶

榉木吊柜

大理石台面

厨房立面图

图 10.100 厨房立面图加标注及说明后的效果

本 章 小 结

    本章主要讲解住宅空间装修立面图的形成和表达方式及绘制流程,并延续上章住宅空间案例,选取了客厅、主卧室和厨房立面,详细解析了装饰立面图的绘制方法和相关技巧。

    实际上,在进行平面设计时,就要同时考虑立面的合理性和可行性。如果在立面设计时发现问题,还需要结合平面来综合处理。

第11章

室内构造详图的设计要点与绘制

SHINEI GOUZAO XIANGTU DE SHEJI YAODIAN YU HUIZHI

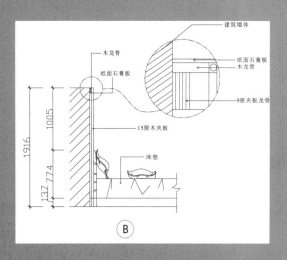

★ 学前指导

理论知识：了解室内设计构造详图的形成、表达和分类，以及制图方法。

重点知识：对应平面图、立面图需要详细表达的局部进行构造详图绘制。

难点知识：联系实际操作设计构造做法。

构造详图用以表达室内装修做法中材料的规格及各材料之间搭接组合关系的详图图案，是施工图中不可缺少的部分。

11.1
室内设计构造详图概述

11.1.1 室内详图的形成、表达与分类

室内平面图、立面图、剖面图都是全局性的图纸，因为建筑物体积较大，所以常采用缩小的比例绘制。平面图一般采用 1∶100 或 1∶50 的比例，这样的比例无法将细部做法表达清楚，因而凡是无法表示清晰的内容，都需要另外绘制构造详图。

将室内平面图或立面图需要详细表达的某一局部，采用适当方式如投影图、剖视图、断面图等，用较大比例单独画出，这种图样称为详图或构造详图。以剖视图或断面图表达的详图又称节点图或节点详图。构造详图的比例常采用 1∶1、1∶2、1∶5、1∶10、1∶20、1∶50 等。

室内详图用于详细表达局部的结构形状、连接方式、制作要求等。表达的内容有：

(1) 反映各面本身的详细结构、所用材料及构件间的连接关系；

(2) 反映各面间的相互衔接方式；

(3) 反映需表达部位的详细构造、材料名称、规格及工艺要求；

(4) 反映室内配件设施的位置、安装及固定方式等。

表达方法及要求有：

(1) 按合适比例绘制(以能清楚表达为准)；

(2) 画出构件间的连接方式，应注全相应尺寸，并应用文字说明制作工艺要求；

(3) 室内详图应标明详图符号，并与被索引的图样上的索引符号相对应，并在详图符号的右下侧标注比例；

(4) 在详图中如果需要另画详图，应该在其对应部位画上索引符号；

(5) 室内详图的线型、线宽选用与建筑详图相同，当绘制较简单详图时，可采用 b 和 0.25b 的两种线宽组合；

(6) 详图中标高应和平面图、立面图、剖面图中位置一致。定位轴线的标号圆圈可为 10 mm。

常见的构造详图有地面构造详图、墙面构造详图、吊顶构造详图和家具构造详图。

11.1.2 室内详图的绘制流程

室内详图是施工图中不可缺少的部分，其难度不在于如何绘图，而在于如何设计构造做法，需要设计者深

入了解材料特性、制作工艺、装修施工,它是跟实际操作紧密结合的环节。

　　详图的画法和步骤与室内平面图的画法基本相同,这里不再赘述。

11.2
室内设计构造详图的绘制

11.2.1　客厅电视柜构造详图

　　家具详图表示的内容有家具结构配件材料及其构造关系、各部分尺寸、各种连接件名称规格等。图11.1为客厅电视柜的构造详图,下面就介绍其绘制方法。

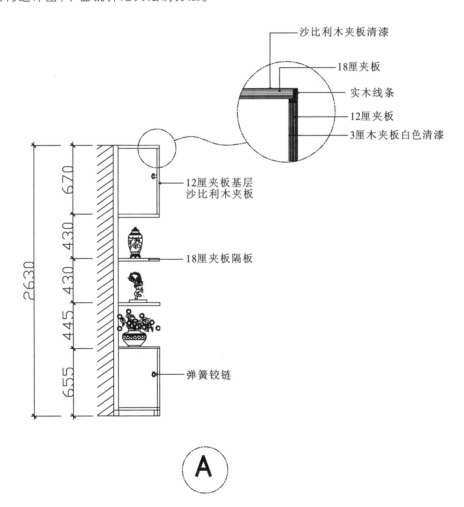

图 11.1　客厅电视柜详图

1. 电视柜详图绘制

（1）绘制电视柜垂直轮廓线。使用"直线"命令,绘制一条长度为 2630 mm 的垂直直线,单击"偏移"命令,分别以 48 mm、388 mm、24 mm 为偏移距离复制出三条直线,如图 11.2 所示。

（2）绘制电视柜水平轮廓线。使用"直线"命令,绘制一条长度为 460 mm 的水平直线,单击"偏移"命令,分别以 30 mm、640 mm、30 mm、400 mm、30 mm、400 mm、30 mm、400 mm、15 mm、575 mm、25 mm、55 mm 为偏移距离复制出十二条直线,如图 11.3 所示。

（3）删除多余轮廓线。利用"修剪"命令去掉多余线条,效果如图 11.4 所示。

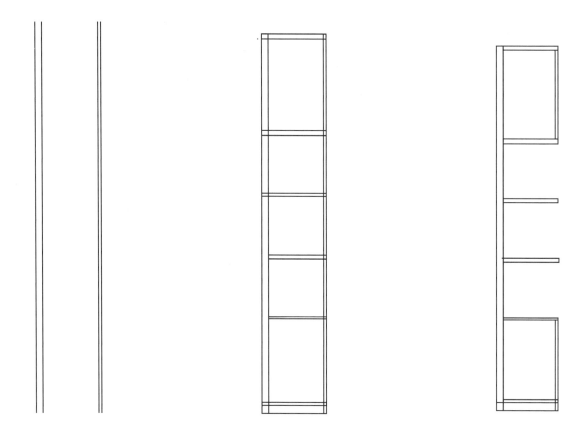

图 11.2　绘制垂直轮廓线　　　　图 11.3　绘制水平轮廓线　　　　图 11.4　删除多余轮廓线

（4）绘制其他线条。使用"直线"命令和"圆"命令绘制柜体其他部位,效果如图 11.5 所示。

图 11.5　绘制柜体其他线条

（5）插入对应图块。使用"绘图"工具栏中的"插入块"按钮,插入电视柜装饰物,放在电视柜隔板上,效果如图 11.6 所示。

（6）绘制墙体。使用"直线"命令和"偏移"命令,绘制墙体,如图 11.7 所示。

（7）标注文字。使用"多行文字"命令,标注材质说明文字。再使用"直线"命令,绘制文字引线,效果如图 11.8 所示。

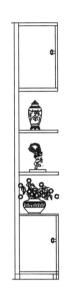
图 11.6　插入装饰物

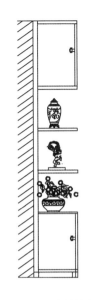
图 11.7　绘制墙体

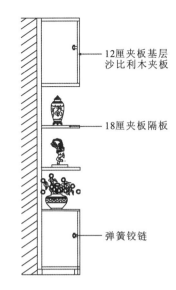
图 11.8　标注文字

（8）尺寸标注。对电视柜进行尺寸标注，效果如图 11.9 所示。

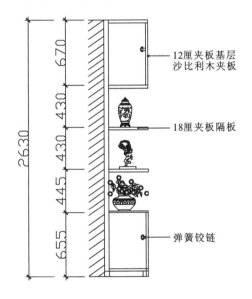
图 11.9　尺寸标注

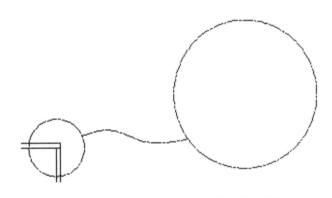
图 11.10　绘制上柜体放大图圆圈和连接曲线

2. 上柜体详图的细部绘制

（1）使用"样条曲线"命令和"圆"命令，线型为"Bylayer"，绘制两个圆形和其之间的连接曲线，效果如图 11.10所示。

（2）使用"直线"命令，绘制电视柜上柜柜体放大图轮廓线，如图 11.11 所示。

（3）使用"直线"命令，绘制上柜体细部构造做法，如图 11.12 所示。

（4）使用"直线""偏移"和"修剪"命令，继续勾画不同部分的构造做法，如图 11.13 所示。

（5）标注文字和符号。使用"多行文字"命令，标注材质说明文字。再使用"直线"命令，绘制文字引线，效果如图 11.14 所示。

使用"单行文字""圆"命令，标注编号，完成样图绘制，如图 11.15 所示，完成详图 A 的绘制，最终效果图如图 11.1 所示。

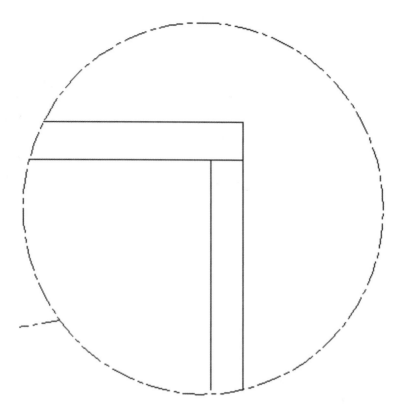

图 11.11   绘制电视柜上柜体轮廓

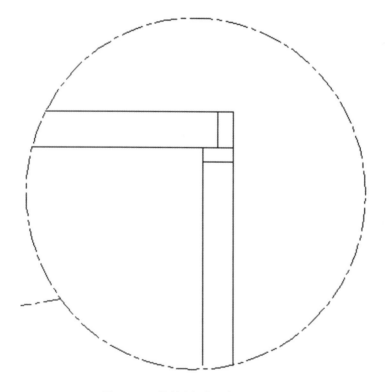

图 11.12   绘制上柜体细部构造做法

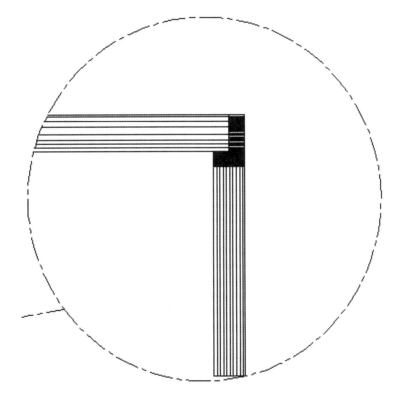

图 11.13　勾画不同部位构造做法

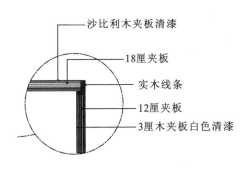

沙比利木夹板清漆

18厘夹板

实木线条

12厘夹板

3厘木夹板白色清漆

图 11.14　上柜体材质文字标注

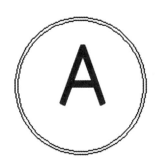

图 11.15　标注编号

11.2.2　卧室背景墙面构造详图

　　室内墙面装修的做法多样,常见的有抹灰墙面、涂料墙面、铺贴墙面。当然在卧室背景墙处理上,很多时候会用到石膏板进行造型设计。如图 11.16 卧室背景墙面构造详图所示,本实例就是使用该做法。

　　其绘制方法与上例相同,综合应用常规绘图命令和修改命令,根据设计的构造做法绘制详图的细节部分,再进行尺寸、文字及符号标注。这里就不再一一赘述。

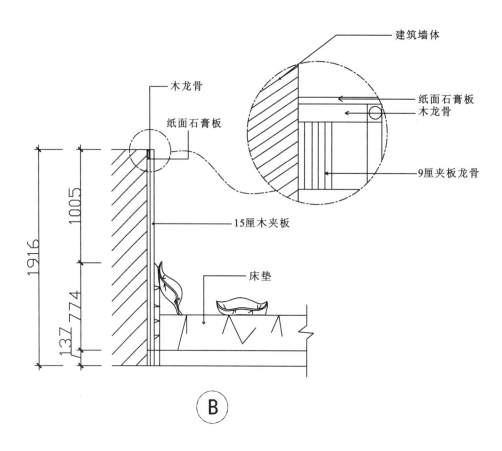

图 11.16　卧室背景墙面构造详图

本 章 小 结

　　本章主要讲述了室内设计构造详图的形成、分类、表达的内容及方法,并以客厅电视柜和卧室背景墙面构造详图为实例,讲解了构造详图的绘制流程。

第12章

图纸输出

TUZHI SHUCHU

★ 学前指导

理论知识:主要介绍图形打印相关的知识,包括如何配置模型空间与布局空间打印的具体过程。

重点知识:掌握图纸打印的相关设置。

难点知识:掌握打印输出功能及其他软件间数据转换功能。

本章主要介绍图纸输出方法与技巧,为打印出图奠定基础。

12.1
模型空间和图纸空间

12.1.1 模型空间和图纸空间的概念

AutoCAD 2010 的空间分为模型空间和图纸空间。在 AutoCAD 2010 中绘图和编辑时,可以采用不同的工作空间,在不同的工作空间可以完成不同的操作。

模型空间是我们通常绘图的环境,就是创建工程模型的空间,它为用户提供了一个广阔的绘图区域。用户在模型空间中所需考虑的只是单个的图形是否绘出或正确与否,而不用担心绘图空间是否足够大。

图纸空间用于创建最终的打印布局,而不用于绘图或设计工作。图纸空间侧重于图纸的布局工作,将模型空间的图形按照不同的比例搭配,再加以文字注释,最终构成一个完整的图形。在这个空间里,用户几乎不需要再对任何图形进行修改编辑,所要考虑的只是图形在整张图纸中如何布局。因此建议用户在绘图时,应先在模型空间内进行绘制和编辑,在上述工作完成之后再进入图纸空间内进行布局调整,直到最终出图。

模型空间和图纸空间的区别主要在于:模型空间是针对图形实体的空间,是放置几何模型的三维坐标空间;而图纸空间则是针对图纸布局而言的,是模拟图纸的平面空间,它的所有坐标都是二维的。两者采用的坐标系是一样的。如果选择图纸空间,则可以打印多个视图,用户可以打印任意布局的视图。

12.1.2 模型空间和图纸空间的切换

在 AutoCAD 2010 中,模型空间与图纸空间的切换可以通过单击绘图区下部的 \ 模型 / 布局1 / 布局2 / 来实现。单击"模型"标签即可进入模型空间,单击"布局"标签则可进入图纸空间。布局空间如图 12.1 所示。

图 12.1　图纸空间界面

12. 2
布局设置

布局是系统为绘图设置的一种环境,包括图纸的大小、尺寸单位、角度设定、数值精确度等。在系统默认的三个标签中,这些都是默认设置,用户也可以根据实际需要来改变这些变量值。

12.2.1　创建布局

1. 执行方式

菜单栏:"插入→布局→新建布局"命令。

工具栏:单击"新建布局"按钮 📄 ,图 12.2 所示为"布局"工具栏。

图 12.2　"布局"工具栏

2. 操作步骤

执行"新建布局"命令,命令行提示如下。

> 输入布局选项[复制(C)/删除(D)/新建(N)/样板(T)/重命名(R)/另存为(SA)/设置(S)/?]〈设置〉:_new
> 输入新布局名〈布局 3〉:(输入新布局名,回车完成)

12.2.2　使用"创建布局向导"创建布局

使用"创建布局向导"创建名称为"布局 3"、打印机为"DWF6 ePlot. pc3"、打印图纸大小为"ISO A3(420.00 mm×297 mm)"、打印方向为"横向"的布局。具体操作步骤如下。

(1) 在菜单栏中,选择"插入→布局→创建布局向导"命令,弹出"创建布局-开始"对话框,如图 12.3 所示,在对话框中输入新的布局名称后,单击"下一步"按钮。

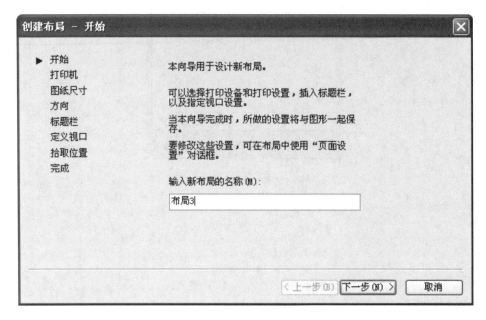

图 **12.3** "创建布局-开始"对话框

(2) 选择当前配置的打印机为"DWF6 ePlot. pc3",单击"下一步"按钮。

(3) 设置打印图纸的大小为"ISO A3(420. 00 mm×297 mm)",所用的单位为"毫米",单击"下一步"按钮。

(4) 设置打印的方向为"横向",单击"下一步"按钮。

(5) 选择图纸的边框和标题栏的样式,在"类型"选项组中可以指定所选择的标题栏图形文件是作为块还是作为外部参照插入到当前图形中的。设置完后单击"下一步"按钮。

(6) 指定新创建布局的默认视口的设置和比例等,在"视口设置"选项组中选中"单个"单选按钮,在"视口比例"下拉列表框中选择"按图纸空间缩放"选项。设置完后单击"下一步"按钮。

(7) 单击"选择位置"按钮,切换绘图窗口,用鼠标在绘图区指定视口的大小和位置。

(8) 单击"下一步"按钮,然后单击"完成"按钮,完成新布局及默认的视口创建。

12.2.3　布局的页面设置

页面设置是打印设备和其他影响最终输出的外观和格式的设置的集合。用户可以修改这些设置,并将其应用到其他布局中。

1. 执行方式

命令行: PAGESETUP。

菜单栏:"文件→页面设置管理器"命令。

工具栏:单击"页面设置管理器"按钮 ▯ 。

2. 操作步骤

执行"页面设置管理器"操作,会弹出"页面设置管理器"对话框,如图 12.4 所示。

单击"新建"按钮,打开"新建页面设置"对话框,可在其中创建新的布局,如图 12.5 所示。

图 12.4 "页面设置管理器"对话框

图 12.5 "新建页面设置"对话框

在"页面设置管理器"对话框中单击"修改"按钮,打开"页面设置-模型"对话框,如图 12.6 所示。

3. 选项说明

●"打印机/绘图仪"选项组

"绘图仪"选项:显示当前所选页面设置中指定的打印设备。

"位置"选项:显示当前所选页面设置中指定的输出设备的物理位置。

"说明"选项:显示当前所选页面设置中指定的输出设备的说明文字。

"局部预览"项:精确显示相对于图纸尺寸和可打印区域的有效打印区域。

图 12.6　"页面设置-模型"对话框

●"图纸尺寸"下拉列表框

显示所选打印设备可用的标准图纸尺寸,如果未选择绘图仪,则该下拉列表框中将显示全部标准图纸尺寸列表,可从列表中选择合适的图纸尺寸。

●"打印区域"选项组

"打印范围"下拉列表框中可选择要打印的图形区域,包括布局、窗口、范围和显示。

●"打印偏移"选项组

在 X 文本框中输入正值或负值可设置 X 方向上的打印原点,在 Y 文本框中输入正值或负值可设置 Y 方向上的打印原点。

"居中打印"复选框:可以自动计算 X 偏移和 Y 偏移值。当"打印范围"设置"布局"时,"居中打印"复选框不可用。

●"打印比例"选项组

从"模型"选项卡打印时,默认设置为布满图纸,如果在"打印范围"下拉列表框中选择了"布局"选项,则无论在"比例"中指定了何种设置,都将以 1∶1 的比例打印布局。如果要按打印比例缩放线宽,可选中"缩放线宽"复选框。如果要缩小为原尺寸的一半,则打印比例为 1∶2,线宽也随比例缩放。

●"打印样式表"选项组

在"打印样式表"下拉列表框中可选择设置、编辑打印样式表,或者创建新的打印样式表。

"新建"选项:将弹出"添加颜色相关打印样式表-开始"对话框,如图 12.7 所示,使用该对话框可添加颜色相关打印样式表。

●"着色视口选项"选项组

"着色打印"下拉列表框:指定视图的打印方式,要为布局选项卡上的视口指定此设置,可以选择该视口,然后在"工具"菜单栏中选择"特性" ,在"质量"下拉列表框中可指定着色和渲染视口的打印分辨率。

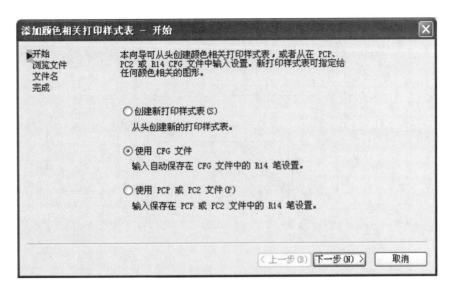

图 12.7　"添加颜色相关打印样式表-开始"对话框

"质量"下拉列表框:选择了"自定义"选项,可以在"DPI"文本框中设置渲染和着色视图的每英寸点数,最大可为当前打印设备分辨率的最大值。

●"打印选项"选项组

"按样式打印"复选框:设置是否打印应用于对象和图层的打印样式,如果选择此复选框,也将自动选中"打印对象线宽"复选框。如果没有选中该复选框,可通过"打印对象线宽"复选框来设置是否打印指定对象和图层的线宽。

"最后打印图纸空间"复选框:可以先打印模型空间几何图形,通常先打印图纸空间几何图形,然后再打印模型空间几何图形。

"隐藏图纸空间对象"复选框:设置"消隐"操作应用于图纸空间视口中的对象。

●"图形方向"选项组

"纵向"或"横向"单选按钮:可指定图形在图纸上的打印方向为纵向或横向;"上下颠倒复印"复选框:可颠倒图形进行打印。

12.3
打　印

AutoCAD 2010 的模型空间使我们可以按照物体的实际尺寸进行设计绘制图形,并且在绘制完成后按照合适的比例将图形打印输出。本例将通过实例来学习"页面设置管理器"和"打印预览"命令来实现打印输出。

(1) 执行"文件→打开"命令,打开本章 CAD 资料"打印图.dwg"文件,如图 12.8 所示。

(2) 执行"文件"下拉菜单"页面设置管理器"命令,打开"页面设置管理器"对话框,如图 12.9 所示。

(3) 在"页面设置管理器"对话框中单击"新建"按钮,弹出"新建页面设置"对话框,如图 12.10 所示。保持

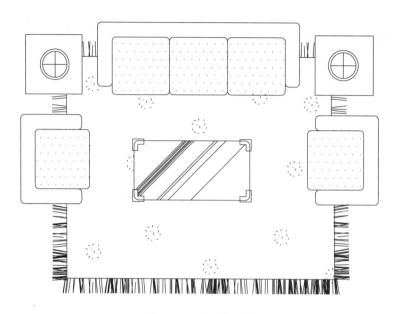

图 12.8　图形源文件

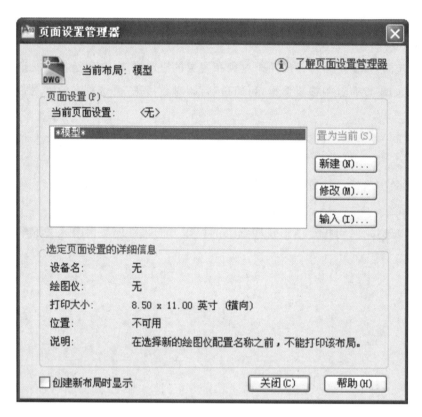

图 12.9　"页面设置管理器"对话框

对话框的默认设置,单击"确定"按钮关闭对话框。

　　(4) 退出"新建页面设置"对话框后,将打开"页面设置-设置 1"对话框。在该对话框中设置打印机的名称、图纸尺寸、打印偏移、打印比例等页面参数,如图 12.11 所示。

　　(5) 在"打印样式表"选项组的下拉列表中选择"acad.ctb"选项,将会弹出"问题"对话框,如图 12.12 所示。

图 12.10 "新建页面设置"对话框

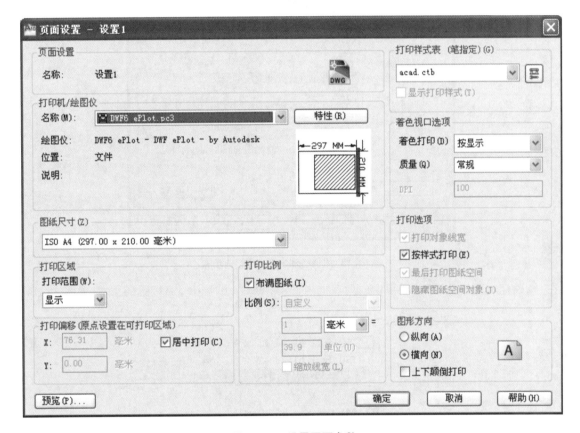

图 12.11 设置页面参数

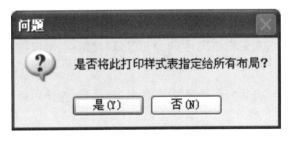

图 12.12 设置打印样式

(6) 单击 **是(Y)** 按钮,将设置的"acad.ctb"打印样式指定给所有布局。接下来在"打印机/绘图仪"选项组中,单击"名称"列表栏右侧的"特性"按钮,打开"绘图仪配置编辑器 − DWF6 ePlot.pc3"对话框,参照图12.13 所示在"设备和文档设置"选项卡中,选择"用户定义图纸尺寸与校准"目录下的"修改标准图纸尺寸(可打印区域)"选项。

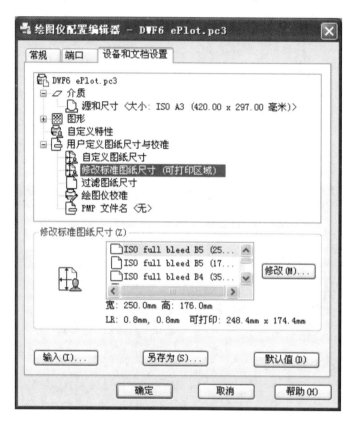

图12.13 "设备和文档设置"选项卡

(7) 在"修改标准图纸尺寸"选项组中的列表框内,选择"ISO full bleed A1"图纸尺寸,如图12.14 所示。

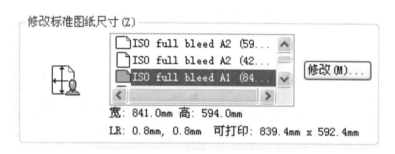

图12.14 选择图纸尺寸

(8) 单击"修改"按钮,打开"自定义图纸尺寸-可打印区域"对话框,参照图12.15 所示将该对话框中的各项参数均设置为"0"。

(9) 单击"下一步"按钮,打开"自定义图纸尺寸-文件名"对话框,在该对话框中设置修改标准图纸尺寸后的PMP 文件名,如图12.16 所示。

(10) 再次单击"下一步"按钮,打开"自定义图纸尺寸-完成"对话框,在该对话框中列出了修改后的标准图纸的尺寸,如图12.17 所示。

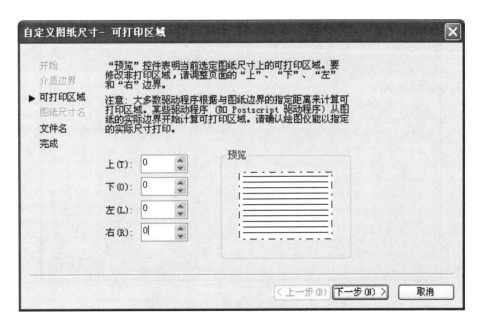

图 12.15 修改图纸打印区域

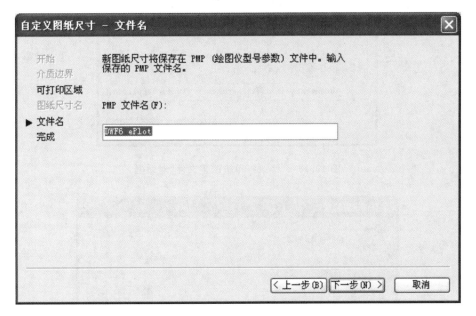

图 12.16 设置 PMP 文件名

(11) 单击"完成"按钮,返回到"绘图仪配置编辑器－DWF6 ePlot.pc3"对话框,单击"确定"按钮,这时将弹出"修改打印机配置文件"对话框,如图 12.18 所示。单击"确定"按钮,将修改后的图纸尺寸应用到当前设置。

(12) 在"页面设置－模型"对话框中,单击"确定"按钮,返回到"页面设置管理器"对话框,在该对话框中将刚创建的新页面"设置 1"置为当前,如图 12.19 所示,同时单击"关闭"按钮关闭对话框。

(13) 执行"文件→打印预览"命令,可对当前图形进行打印预览,结果如图 12.20 所示。

(14) 单击工具栏中的"打印"按钮,将打开"浏览打印文件"对话框,如图 12.21 所示。在该对话框中设置打印文件的保存路径及文件名称。

(15) 单击"保存"按钮,系统将弹出"打印作业进度"对话框,对话框关闭后,打印过程即可结束,如果此时打印机处于开机状态的话,即可将该平面图输出到图纸上。

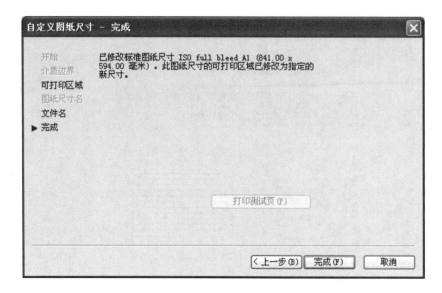

图 12.17 "自定义图纸尺寸一完成"对话框

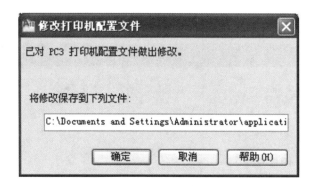

图 12.18 "修改打印机配置文件"对话框

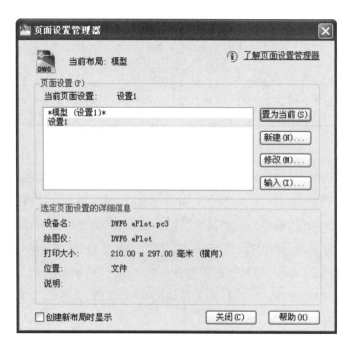

图 12.19 设置当前页面

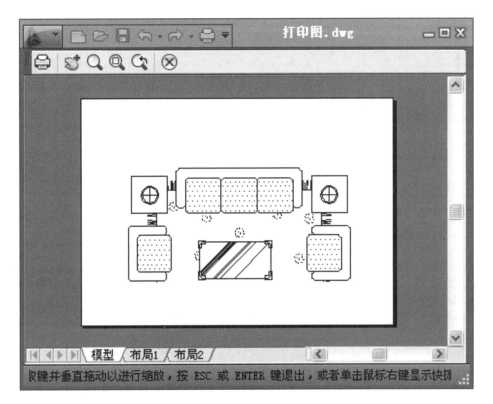

图 12.20　打印预览

图 12.21　保存打印文件

12. 4
以其他格式输出文件

在实际应用中,AutoCAD 2010 能提供各种类型的导出文件,供其他应用程序使用,可在菜单栏中执行"文件"下拉菜单栏中的"输出"命令,弹出如图 12.22 所示的"输出数据"对话框,在其中的"文件类型"下拉列表中,可以选择需要导出文件的类型。

图 12.22 "输出数据"对话框

AutoCAD 2010 可以导出下列类型的文件。

(1) DWF 文件。DWF 文件是一种图形 Web 格式文件,属于二维矢量文件。可以通过这种文件格式在因特网或局域网上发布自己的图形。

(2) DXF 文件。DXF 文件是一种包含图形信息的文本文件,能被其他 CAD 系统或应用程序读取。

(3) ASIC 文件。可以将修剪过的 NURB 表面、面域和三维实体的 AutoCAD 对象输出到 ASCⅡ格式的 ACIS 文件中。

(4) 3D Studio 文件。创建可以用于 3ds Max 的 3D Stuio 文件,输出的文件保留了三维几何图形、视图、光源和材质。

(5) Windows WMF 文件。Windows 图元文件格式(WMF),文件包括屏幕矢量几何图形和光栅几何图形格式。

(6) BMP 文件。BMP 是一种位图格式文件,在图像处理行业应用相当广泛。

(7) PostScript 文件。可促进包含所有或部分图形的 PostScript 文件。

(8) 平板印刷格式。可以用平板印刷(SLA)兼容的文件格式输出 AutoCAD 实体对象。实体数据以三角形网格面的形式转换为 SLA。SLA 工作站使用这个数据定义代表部件的一系列层面。

本 章 小 结

本章主要介绍图纸后期打印和文件输出方法与技巧,包括模型空间和图纸空间概念、布局设置方法、打印输出相关知识、其他格式输出文件方法。认真掌握图纸输出知识,因为只有将设计打印输出成图纸,才算完成整个绘图流程。

[1] 王小树.建筑制图识图与 CAD[M].北京:中国水利水电出版社,2011.

[2] 丁文化.建筑 CAD[M].北京:高等教育出版社,2008.

[3] 姜勇,郭英文.AutoCAD 2007 中文版建筑制图基础培训教程[M].北京:人民邮电出版社,2007.

[4] 胡仁喜,等.AutoCAD 2008 中文版室内装潢设计[M].北京:机械工业出版社,2008.

[5] 赵智勇,张辉.AutoCAD 2012 中文版室内装潢设计入门与提高[M].北京:人民邮电出版社,2012.

[6] 鲁娟,杨玉香.AutoCAD 2012 中文版室内设计项目教程[M].武汉:华中科技大学出版社,2013.

参考文献

AutoCAD HUANJING YISHU ZHITU